高城镇化水网区水安全技术研究丛书

高城镇化水网区防洪除涝安全提升技术研究

何建兵 王元元 陆志华 龚李莉 ◎ 著

GAOCHENGZHENHUA
SHUIWANGQU FANGHONG CHULAO
ANQUAN TISHENG JISHU YANJIU

河海大学出版社
HOHAI UNIVERSITY PRESS
·南京·

图书在版编目(CIP)数据

高城镇化水网区防洪除涝安全提升技术研究 / 何建兵等著. -- 南京：河海大学出版社,2022.5(2024.1 重印)
(高城镇化水网区水安全技术研究丛书)
ISBN 978-7-5630-7506-5

Ⅰ.①高… Ⅱ.①何… Ⅲ.①城镇－防洪工程－研究
Ⅳ.①TU998.4

中国版本图书馆 CIP 数据核字(2022)第 057287 号

书　　名	高城镇化水网区防洪除涝安全提升技术研究	
书　　号	ISBN 978-7-5630-7506-5	
责任编辑	章玉霞	
特约校对	袁　蓉	
装帧设计	徐娟娟	
封面摄影	吴浩云	
出版发行	河海大学出版社	
地　　址	南京市西康路 1 号(邮编:210098)	
电　　话	(025)83737852(总编室)　(025)83722833(营销部)　(025)83787107(编辑室)	
经　　销	江苏省新华发行集团有限公司	
排　　版	南京布克文化发展有限公司	
印　　刷	广东虎彩云印刷有限公司	
开　　本	787 毫米×1092 毫米　1/16	
印　　张	8.75	
字　　数	213 千字	
版　　次	2022 年 5 月第 1 版	
印　　次	2024 年 1 月第 2 次印刷	
定　　价	59.00 元	

前言 PREFACE

城镇化进程往往伴随着下垫面的急剧演替和人口及产业的聚集。随着地表性质的改变和各类人工热源、碳源排放的增加,高度城镇化区域的流域水文系统结构、水循环过程和产汇流规律发生了深刻变化,汇流速度加快、洪峰提前、洪水过程变尖变瘦,区域洪涝风险增加明显,给区域经济社会安全和高质量发展带来了巨大挑战,集中表现为洪涝灾害频繁、涉水公共突发事件风险和损失加剧等。

太湖流域地处"一带一路"倡议、长江经济带、长三角区域一体化发展等多个国家重点发展区域的交汇点,是长江三角洲区域的核心地区,以全国0.4%的国土面积承载了全国4.8%的人口和9.8%的GDP,流域现状城镇化率约为80%,远高于全国平均水平,是我国典型的高城镇化地区。武澄锡虞区位于太湖北部,行政区划涉及苏州、无锡、常州部分地区,境内河网纵横、圩区密布、水利工程众多,防洪除涝安全保障对象复杂、目标多样,面临区域、城区、圩区不同层面防洪除涝安全保障协调难度大等难题。受城镇化进程的影响,武澄锡虞区不透水面积持续增加,降雨径流系数不断增大,产汇流时间明显缩短,区域河网特别是运河沿线及其以南区域的水位易涨难落,洪涝风险较大。近年来,武澄锡虞区经受多次强降雨考验,频频出现超历史最高水位,多地受灾严重,区域洪涝问题进一步凸显。随着经济社会高质量发展以及广大人民群众对于防洪除涝安全保障的需求越来越强烈,研究防洪除涝安全提升技术,协同区域、城区、圩区不同层面防洪除涝安全保障需求,提升水安全保障能力,对于高城镇化区域来说尤为重要而迫切。

为此,太湖流域管理局水利发展研究中心牵头承担了国家重点研发计划"水资源高效开发利用"专项"河湖水系连通与水安全保障关键技术"项目第五课题"高城镇化水网区河湖水系连通与水安全保障技术示范(2018YFC0407205)"。课题以社会经济高度发达、高度城镇化、水环境压力大的太湖流域武澄锡虞区作为研究对象,旨在优化区域河湖水系连通格局,提出适应高城镇化水网区经济社会发展和生态文明建设的河湖水系连通与防洪除涝安全保障技术、水环境质量保障技术。在防洪除涝方面,充分利用骨干河道排泄功能、圩区滞蓄作用及水利工程群联合调度,综合考虑区域地形地势、河湖水系连通特性、水体流动格局、排水骨干通道和控制性工程能力等因素,构建区域"分片治理-滞蓄有度-调控有序"防洪除涝安全协调技术。调整区域蓄泄关系,优化区域-城区-圩区协同调度方式,协同区域、城区、圩区不同层面防洪除涝安全保障需求,均衡上下游、左右岸的防洪风险水平,实现区域不同层面洪水和涝水的有序排泄,提升区域防洪除涝安全保障水平,在水环境方面,充分考虑水体水动力与水质响应关系,优化控导工程布置方案,优选调水水源与路线,畅通水体置换通道,并基于流量、流速水力空间分布特征,综合运用闸、泵、堰等工程控制及其组合控制,进行精准调控,构建城市"多源互补-引排有序-精准调控"水环境质量提升技术,实现引排有序的水体置换过程,提升城区水环境质量保障水平。

本书依托该课题研究提出的防洪除涝安全协调技术,结合其他相关研究成果编著而成。全书分为8章,第1章简要分析了高城镇化水网区防洪除涝安全保障焦点问题、国内外研究进展、典型研究对象——太湖流域武澄锡虞区的区域概况、本次防洪除涝安全保障提升技术的研究思路;第2章全面梳理了武澄锡虞区河网水系特征、防洪除涝治理格局、水利工程建设与调度状况以及典型洪水应对实践等防洪除涝现状;第3章深入分析了武澄锡虞区防洪除涝安全保障存在问题、需求及面临形势,探明了区域洪涝治理中应关注的关键问题;第4章从地形地貌特征、河湖水系结构、工程建设情况等方面入手,就如何构建治理格局进行了研究;第5章立足区域、城市、圩区等不同层面河网调蓄能力,就如何调整和优化区域洪涝蓄泄关系进行了研究;第6章以区域整体防洪安全为出发点,围绕如何合理调度运用水利工程、实现有序泄水进行了研究;第7章基于前述3个章节的研究成果进一步总结,提出了区域防洪除涝安全保障技术,并对该保障技术的实施效果进行了论证分析;第8章对研究成果进行简要总结,并展望提出了下一阶段区域防洪除涝安全保障工作重点和建议。

本书由何建兵、王元元统稿,第1章由陆志华、王元元、蔡梅执笔,第2章由陆志华、王元元、白君瑞执笔,第3章由王元元、龚李莉、张怡执笔,第4章由陆志华、马农乐执笔,第5章由龚李莉、陆志华执笔,第6章由王元元、钱旭、龚李莉执笔,第7章由陆志华、龚李莉执笔,第8章由王元元、蔡梅执笔。

本书在撰写过程中得到了水利部太湖流域管理局、南京水利科学研究院、太湖流域水文水资源监测中心、常州市水利局、常州市武进区水利局、江苏省水文水资源勘测局常州分局、无锡市水利局、江苏省水文水资源勘测局无锡分局、江苏省太湖水利规划设计研究院有限公司等单位领导、专家的大力支持和指导。

鉴于武澄锡虞区河湖水系纵横交错、水体流向复杂多变、水利工程类型多样,防洪除涝水安全保障技术涉及因素众多,研究工作尚在不断完善中,加之作者水平有限,书中难免有偏颇、疏漏和不妥之处,恳请广大读者和同行批评指正、交流探讨,以利于后续深入研究。

本书除特殊标注外,高程系统采用镇江吴淞基面。

目录 CONTENTS

1 绪论

1.1 问题的提出

城镇化是复合性、规模化的人类活动进程,涉及城乡经济、社会与空间结构的动态变化[1]。我国城镇化率由 1978 年的不到 18％[2]发展到 2020 年的 63.89％,超越了世界平均水平,属于城镇化高速发展阶段[3]。城镇群是人口集聚和城镇化发展的重要载体,以河湖水系为纽带形成的流域城镇群深刻影响着区域经济发展和国家战略方针。研究显示,城镇化已经成为改变河流结构发育演变的重要因素。高度城镇化深刻改变了流域水文系统结构、过程与功能、水循环过程与产汇流规律,下垫面滞水性、渗透性等变化较大,造成汇流速度加快、洪峰提前、洪水过程变尖变瘦,区域洪涝风险加大,对经济社会发展提出了巨大挑战[4]。

平原河网地区大都是高度城镇化地区,我国城市河网区主要集中在长江、淮河、海河、珠江下游,经济发达,GDP 占全国 40％以上,人口密集、城镇化率高,地势低洼、河网密布、水利工程众多。高城镇化水网区一般具有以下特征[5-8]:① 城镇化迅速发展,不透水地面不断增多,导致暴雨径流系数加大,汇流时间减小,洪水过程线变陡。② 人水争地的矛盾非常突出,对短期利益的追求以及对水体存在价值的忽视导致了水域面积持续减少。③ 越来越多的圩区正逐步踏入城镇化阶段,但由于圩区地势低洼、水面平缓、水动力条件较差等,在面对下垫面硬化等人类活动时,排涝压力也越来越大。圩区的建设,将大量水域纳入圩内,虽然保证了圩内防洪排涝安全,但也降低了水域的有效调蓄能力。④ 水土流失、废渣和垃圾入河等原因造成的河道和湖泊等水域持续大量淤积,严重减少了水域的体积。⑤ 早期地下水的持续超采所引起的地面沉降效应日益明显,导致大量洪水不能及时排出,洪水位相对于地面越来越高,防洪压力持续加大。⑥ 由于地理位置的特殊性,高城镇化水网区除了要承受本地区的洪水外,往往还需承担大量上游过境水,从而进一步增加了洪水危害程度。

太湖流域是典型的平原水网区,它位于长江三角洲核心地区,是我国重要的经济增长区,城市集中、经济发达、财富聚集、人口密集,以全国 0.4％的国土面积承载了全国 4.8％的人口和 9.8％的 GDP,2020 年城镇化率高达 81.7％,是流域内城镇化进程最快的典型区域之一。太湖流域是以太湖为中心的一个相对独立的水网区域,河流纵横交错,湖泊星罗棋布,河网密度达 3.3 km/km²,河道水面比降小,水流流速缓慢,流域北、东、南三边受长江和杭州湾水位影响,其流向表现为往复流;流域内水利工程众多,河网水位变化受人工调控影响较大。同时,快速城镇化导致原有河网结构破坏、蓄泄功能发挥受限,加之流域、区域、城市不同层面洪涝调度需求不相一致、协调难度较大,由此造成流域内防洪除涝安全隐患长期存在。武澄锡虞区位于太湖流域的北部,北滨长江,南邻太湖,区内河流密布,苏南运河自西向东贯穿整个片区,形成纵横交错、四通八达的河网。随着城镇化进程的推进,武澄锡虞区河网水系结构发生改变,河流断面束窄,断头浜增多,区域河网调蓄能力显著下降,区域防洪压力较大。同时,太湖水源保护、流域洪水排泄与区域排涝存在矛盾,进一步加重了区域防洪压力。

党中央、国务院高度重视水安全工作。党的十九届五中全会提出,把全面建设社会主义现代化国家作为新的战略目标,把"推动高质量发展"作为统揽"十四五"时期经济社会发展的主题。经济社会高质量发展和人民群众对美好生活日益增长的向往均对流域水安全保障提出了更高的新要求,但洪涝风险依然是高质量发展的最大威胁。近年来,气候变化引发的强降雨、风暴潮等极端气候事件增加,区域洪涝灾害风险进一步提高,在人口、产业聚集的高城镇化水网区表现得尤为突出。为此,本书选择我国典型高城镇化水网区——太湖流域武澄锡虞区作为研究区域,深入分析其防洪除涝安全保障中存在的问题、面临的需求与形势,应用多目标优化与协同理论,研究提出区域防洪除涝安全提升技术,以期提升该区域防洪除涝安全保障水平,并为国内其他类似的高城镇化水网区提供参考和借鉴。

1.2 国内外研究进展

过去 30 余年来,全球城镇化进程不断加快。城镇化建设既使人口从农村向城镇迁移,也导致经济社会资源向城镇区域集聚。联合国《World Urbanization Prospects:The 2018 Revision Report》显示,截至 2018 年年末,全世界有 55% 的人口生活在城市中。近几十年来,在全球气候变化和频繁的人类活动干扰下,区域乃至全球水汽循环发生了改变,降水空间分布更加不均匀,从而导致洪涝、干旱等极端气象水文事件频发,给人民群众的生命财产安全带来了巨大威胁[4]。高度城镇化深刻地改变了流域水文系统结构、过程和功能,加剧了区域水循环退化,并伴随着洪涝灾害、水资源稀缺、水污染和水生态退化等严峻水问题[2]。

我国现阶段城镇化率已超越了世界平均水平,受人口众多、降水时空分布不均等影响,我国是世界上洪涝灾害最为频繁和严重的国家之一,洪涝灾害对社会经济造成的损失占各种自然灾害的首位[9]。为了减轻洪涝灾害影响,我国修建了大量防洪控制工程,截至目前,全国已建成水库超过 9.8 万座,总库容超过 8 900 亿 m³,在拦蓄洪水方面起到了显著的成效[10]。然而,近年来工程措施花费不断增加,降低洪灾的频度也有所降低,并且随着人类活动的影响,水利工程建设引发的生态环境问题越来越突出,非工程措施逐渐被强调,利用工程和非工程相结合的防洪减灾措施成为目前防洪安全保障体系的主流。非工程措施主要分为基于洪水物理属性的非工程措施(如洪水预报调度系统)、基于洪水风险的非工程措施(如风险分析和风险管理)、基于管理科学的非工程措施(如洪泛平原管理)、基于政策与法规的非工程措施(如经济与社会活动行为)四类[11]。

非工程措施中防洪除涝调度是随着水库群、湖泊、蓄滞洪区、闸泵等防洪除涝工程的出现而产生的。运筹学、管理学等领域新理论与新方法的出现以及水文气象、计算机和信息技术的发展,促使防洪除涝调度技术不断充实。随着防洪除涝工程系统复杂程度的不断提高,防洪除涝调度面临着更多新要求,防洪除涝调度理论与方法也不断取得新进展。自 20 世纪 50 年代起,线性规划和动态规划等传统规划方法已开始应用于水资源调度领域[12]。随着研究的逐步深入,非线性优化调度模型被建立,它考虑了目标函数和非线性约束的问题,弥补了线性规划易产生的“数维灾”问题,提高了调洪演算的精确性[13]。60 年代初大系统分解概念被提出,70 年代初又提出了大系统递阶控制理论,由此“分解-协调”的重要思想形成,并被应用于解决大型规划问题[14]。80 年代以来,随着系统工程的迅速发展以及其在水文水资源领域中的广泛应用,系统分析方法被引入我国防洪系统联合优化调度研究中[15-16]。通过建立防洪系统联合调度的目标函数以及相应的约束条件,使用系统分析方法中一系列最优化方法或仿真模型产生符合实际情况的最优调度运行策略[12]。

平原河网地区水系结构及工程调度复杂,其洪水演进过程和防洪调度方案常通过数学建模进行研究,常用的参数指标包括防洪除涝标准、降雨、水位、流量、水位流量混合指标、相关社会经济指标等。太湖流域作为典型的平原河网地区,众多学者运用各种理论对其开展了防洪调度研究。杨洪林等[17]采用分级调度方法设计太湖流域骨干河道太浦河、望虞河若干不同调度方案,并经数值模拟,认为太浦河、望虞河通过分级调度,可以克服以前根据单个水位调度的缺陷,充分发挥两河分泄流域洪水的功能,做到洪涝兼筹,更好地统筹流域和区域的关系。胡炜[18]根据太湖流域防洪调度实际情况,考虑超警戒水位变量、闸门开启频次、圩区被淹历时等目标,建立太湖流域防洪调度模型评价指标体系,运用层次分析法对防洪调度模型进行多种方案的评价和比较,将方案选择方式由人工选择随意性变成定量化。王静等[19]利用流域一维河网水动力学数学模型,建立太湖流域洪灾损失评估模型,研究成果定量论证了太湖流域骨干防洪工程在 2016 年洪灾中的经济效益。王艳艳等[20]以降雨产流与平原净雨计算的水文分析方法为基础,集成河网水动力学模型、平原区域洪水分析模型、洪灾损失评估模型,开展不同防洪工程应对流域性特大洪水减灾效益的预测分析,为太湖流域特大洪水的防治提供支撑和参考。徐天奕等[21]利用DEM 数据及 GIS 空间分析技术构建洪涝淹没分析模块,将圩区概化为“零维调蓄单元”,实现圩区的精细化模拟,与细化后的太湖流域水文水动力学模型耦合,建立能够可靠模拟太湖流域洪涝淹没状态的数学模型。徐向阳等[22]分析提出了以流域骨干工程为核心组成太湖流域防洪体系,并建议按流域 GDP 的 0.2%~0.3%的洪灾损失作为判断和控制流域性洪灾的经济指标。

武澄锡虞区防洪除涝安全保障研究始于 20 世纪 90 年代,涉及流域、区域、城市(城区)、圩区多个层面。1991 年大洪水之后,太湖流域治太骨干工程相继开工建设,1994 年望亭立交工程完工,望虞河全面具备泄洪条件,故对望虞河开始实行分级调度[23]。随着流域内防洪调度逐步规范,近几年区域城镇化进程的加快以及防洪除涝工程完善对区域气候变化、河网水系、防洪形势等影响的研究开展得越来越多。王柳艳等[24]以20世纪60年代、80年代和2003年武澄锡虞区水系为基础,依据河道宽度对水系进行分级,并从河流地貌学角度定量分析了河网密度、水面率、河网复杂度、河网结构稳定度、分维数等结构特征及长时间序列的水位变化,发现城镇化背景下的水系衰减对河网蓄泄功能产生了较大影响,洪灾风险增大。蔡娟[25]采用4项河网水系结构表征指标,即河网密度、水面率、河网复杂度和水系分维,对比分析武澄锡虞区20世纪60年代、80年代和2009年3个不同时期河网水系结构特征以及同一时期不同城市化水平下的水系空间变化特征,发现河网发育正趋于主干化、单一化。王丹青等[26]基于长时间序列降雨水位资料,运用数理统计方法定量对比分析多年来典型代表站点暴雨洪水重现期变化规律,发现武澄锡虞区不同量级降雨重现期均有提前,极端降雨频率增大,而闸泵和圩垸等水利工程的建设加强了对较高量级洪水的调节作用,使高量级洪峰水位有所降低,减小了城区圩垸内洪水风险。

坪区是平原河网中特殊的闭合单位,以圩田为主,包括河网、湖泊、滩地等在内,主要通过节制闸或抽排水站进行圩内外水量交换,其防洪除涝安全保障能力受到圩内圩外多种因素的综合影响。我国圩区起源于春秋战国以前,至今已历经千年发展,在圩区治理方面积累了丰富的经验。明代耿橘的《常熟县水利全书》总结了圩区分级控制、分级分区排水等圩区治理原则。1949年以来在圩区治理方面更有新的发展,如"四分开、二控制、三配套",以及圩区的"二级控制"等综合治理思想[27]。从发展过程来看,圩区治理大致可分为4个阶段,即塘浦圩田、小圩体系、联圩并圩建设[28]和标准化圩区建设,其中标准化圩区建设是在20世纪80年代以后,圩区工程管理机构和管理方式都发生了很大的改变,一些圩区开始探索和创新管理和治理方法,陆续出现"直管型""转制型""托管型"等模式,圩区建设向更加科学化、标准化、规范化、制度化迈进。圩区的防洪治理分为圩内和圩外,圩内治理指的是针对圩区本身的要素与属性,通常关注以下几个方面:圩区排涝模数、水面率、河网演变、调度规则及水利工程布局等。高俊峰等[29]以湖西区为例,结合地形条件,用聚类分析把圩区分成3大类8小类,并对圩区致涝原因进行分析,结果表明:雨量、水面率、田面高程、排涝能力、圩堤高度、地形等是致涝的主要原因。王燕[30]采用平均排除法对安徽省沿江圩区不同作物组成的圩区设计排涝模数进行分析计算,并与以往的分析成果进行对比以确定合理的排涝模数。秦莹[31]根据现状提出运北圩区的联圩并圩方案,通过建立一维非恒定流模型进行综合方案比选,得出最优联圩并圩方案,并以合作联圩为典型圩区,提出针对该圩区内排涝泵站布局最优方案。圩外治理指的是重点关注圩区与区域、流域防洪除涝之间的关系,而不对圩区本身的属性与要素展开研究。刘克强等[32]指出流域及区域防洪工程是圩区治理的基础,二者为一个整体,具有互动性。张聪[33]对圩区治理与河道整治之间的关系进行探讨,发现河道整治是圩区治理的基础,圩区的治理需要与河道治理有效结合。

综上所述,高城镇化水网地区的防洪除涝安全保障理论研究体系正向着更精细、更完善的方向发展,支撑形成整体与局部、工程与调度相协调的治理体系。但是,随着经济的增长和城镇化的发展,洪水淹没成本越来越大,做好洪水调控将是我们当前阶段和下一阶段所要完成的任务,亟须依托高精度的水动力数学模型以及预测预报系统,将区域河网水系与水利工程设施联合起来,寻求洪水调控最优调度方案,从而为我国高城镇化水网区的防洪除涝提供技术指导。

1.3　典型区域概况

1.3.1　基本特征

武澄锡虞区属于长三角大都市圈的一部分,包括常州、无锡、江阴、张家港等经济发达城市,经济发展迅速且总量大,城镇化速度快且程度高,在太湖流域乃至国内均具有代表性[24]。武澄锡虞区总体呈现出城镇化进程快、洪涝矛盾突出等特征。

武澄锡虞区从 20 世纪 80 年代开始进入城镇化阶段,2000 年之后城镇化进程明显加速。自 1985 年以来,武澄锡虞区土地利用发生很大变化,呈现为以水田与建设用地的转换为主,水田面积持续减少,建设用地面积持续增加。2010 年建设用地面积较 1995 年增加了一倍之多,2015 年建设用地面积较 2000 年增加了一倍之多。

受城镇化进程影响,武澄锡虞区河网水系结构逐步衰减。研究表明[34],20 世纪 60 年代到 21 世纪 10 年代武澄锡虞区河网密度、水面率、河网发育系数分别降低了 22.94%、25.09%、22.35%,区域水系结构趋于主干化和单一化。城镇化驱动河网结构在变化的同时,也导致河流水文连通性发生变化,逐渐暴露出河流连通受阻、河网调蓄能力降低、河道排水功能下降等问题,降雨径流系数增大,地表径流速度加快,汇流时间缩短,导致水位上涨,加大了区域洪灾风险和洪涝损失。

1.3.2　自然概况

武澄锡虞区位于太湖流域的北部,面积为 4 015.5 km²,西与湖西区接壤,南与太湖湖区为邻,东以望虞河东岸为界,北滨长江。武澄锡虞区行政区划属江苏省。全区地势呈周边高、腹部低,平原河网纵横。区内水网平原区地面高程一般为 3.5~5.5 m;沿江高亢平原区地面高程为 6.0~7.0 m;低洼圩区地面高程一般为 4.0~5.0 m,南端无锡市区及附近一带地面高程最低,仅 2.8~3.5 m。境内以白屈港为界,分为高、低两片,白屈港以西地势低洼,呈盆地状,为武澄锡低片;白屈港以东地势高亢,局部地区有小山分布,为澄锡虞高片。在高程上,武澄锡低片比澄锡虞高片平均低 1.5~2.0 m。武澄锡虞区地形地貌示意图如图 1-1 所示。

1.3.3　经济社会

武澄锡虞区位于长江三角洲腹地,是我国经济最发达的地区之一。无锡、常州以及江阴、张家港、常熟等大中城市坐落其间,区内人口稠密,物产丰富,基础设施完善。区域地理位置优越,经济与科技实力强,工农业发展均衡,交通、通信、公用设施、商业、服务业、金融业等条件优良,极具发展前景。区域内各市(县、区)GDP 位居全国前列,城市现代化、城乡一体化进程不断加快,是长江三角洲经济最发达和最活跃的地区之一。据统计①,2017 年末区域内常住人口有 85 621 万人,GDP 为 439 199 亿元,人均 GDP 为 16.81 万

① 江苏省太湖水利规划设计研究院有限公司:江苏省武澄锡虞区水利综合规划.2019 年 10 月。

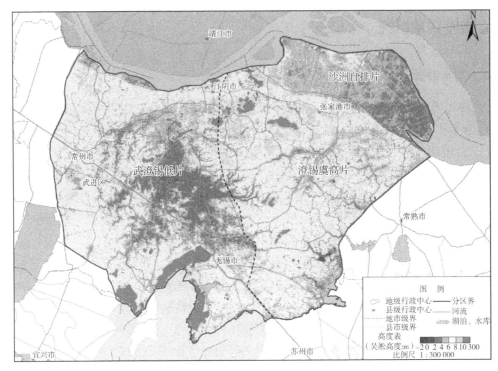

图 1-1　武澄锡虞区地形地貌示意图

元,是全国人均 GDP 的 2.8 倍,是太湖流域人均 GDP 的 1.39 倍,是江苏省人均 GDP 的 1.77 倍。

区域内工业技术基础雄厚,产业门类配套齐全,资源加工能力强,技术水平、管理水平和综合实力均处于全国领先水平。近年来,区域推进工业结构调整,产业升级步伐加快,在物联网、新能源、IT 产业等重点领域取得长足发展。同时,大力推进高标准农田建设,农业生产条件日益完善,农作物种植结构逐步优化,农业综合生产能力显著提升,现代高效农业建设取得新的进展。

区域内有沪宁铁路、新长铁路、沪宁高速公路、沿江高速公路、锡宜高速公路等高等级铁路和公路,形成了发达的陆上交通网络;也有苏南运河、锡澄运河、锡溧漕河、张家港、锡北运河等,形成区内高等级航道网,提供了极为便利的水上集疏运通道。区域紧邻长江口深水航道,坐拥常州港、江阴港、张家港港、常熟港等重要口岸,为区域经济发展提供了有利条件。

1.3.4　河湖水系

武澄锡虞区水系水网密布、纵横交错,形成了独具特色的滨江临湖的江河湖连通格局,如图 1-2 所示。根据地形特点与水系分布,武澄锡虞区水系总体以苏南运河为界,通常划分为运北水系、运南水系。运北水系又以白屈港、张家港沿江高片为界,分为低片通江水系、高片通江水系、入望虞河水系;运南水系主要是入太湖水系。

运北水系,以南北向通江河道为主,低片入江河道主要有澡港河、桃花港、利港、新沟河、新夏港、锡澄运河、白屈港等;高片入江河道主要有张家港、十一圩港、走马塘等;入望虞河的河道有张家港、锡北运河、九里河、伯渎河等;内部东西向调节河道有北塘河、西横河、东横河、黄昌河、应天河、冯泾河、青祝河等;望虞河为武澄锡虞区边界河道,承担流域引排任务。

运南水系,以入太湖河道为主,包括武进港、直湖港、梁溪河、曹王泾、小溪港(蠡河)、大溪港等;内部骨干引排河道有锡溧漕河、武南河、采菱港、永安河、洋溪河—双河等。

苏南运河自西向东经常州、无锡两市区贯穿区域内部,起着水量调节和承转的作用,并联接上述诸多河道,形成纵横交错、四通八达的河网。

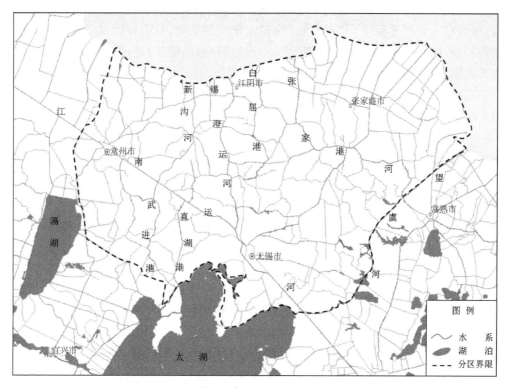

图 1-2　武澄锡虞区现状骨干水系示意图

1.4 防洪除涝安全提升技术研究思路

1.4.1 区域防洪除涝安全任务解析

应用逻辑分析法分析武澄锡虞区防洪除涝治理任务,结果表明,武澄锡虞区防洪除涝安全受到外部洪水和内部洪涝水的双重压力。

从武澄锡虞区河湖水系与工程现状来看,外部洪水主要包括北侧长江洪水、南侧太湖洪水、西侧上游湖西区洪水,采用挡疏结合的方式进行应对,具体策略是通过建闸控制口门和堤防达标建设来挡水。现状武澄锡虞区外部洪水抵挡主要根据洪水的来水方向展开,北侧通过长江堤防抵御长江洪水,南侧通过环太湖大堤阻挡太湖洪水,西侧通过武澄锡西控制线抵挡湖西区排水,各防洪控制线已基本达标。

在内部洪涝水应对方面,采取以泄为主、蓄泄兼筹的方式进行处理,通过内部调蓄后从沿江水闸、环湖水闸、望虞河西岸支流外排,以控制内河水位,减少或避免内涝灾害的发生,具体包括及时外排、河网调蓄、内部转移三个方面。

1. 及时外排

及时外排是确保区域防洪除涝安全的根本,长期以来武澄锡虞区内部洪涝水主要北排长江、南排太湖,以及沿苏南运河下泄阳澄淀泖区。其中,北排长江利用通江河道排入长江,区域内沿长江口门防洪调度主要以行政区域防洪需求进行控制运用,排水范围主要是苏南运河以北的沿江区域;苏南运河以南地区则主要南排太湖,但近年来为保护太湖水环境,地方对入湖河道实行了严格管控,南排太湖出路受限,目前环太湖口门实施了严格的常态控制,区域内的无锡市区环湖口门(除武进港、雅浦港外)通常处于关闭状态,禁止排水入太湖;为协调防洪和水环境保护要求,《苏南运河区域洪涝联合调度方案(试行)》规定,当雅浦港闸上水位高于 3.90 m 时,雅浦港闸和武进港闸开闸排水,且雅浦港闸优先开启;当无锡(大)站水位高于 4.50 m 时,直湖港闸开闸排水;当无锡(大)站水位高于 4.40 m 时,关闭梁溪河与苏南运河连通的仙蠡桥南枢纽、张巷浜节制闸及骂蠡港节制闸,开启犊山闸有节制地向太湖排泄梁溪河涝水;当无锡(大)站水位达到 4.65 m 且有继续上涨趋势时,由无锡市人民政府综合分析,决定是否开启张巷浜节制闸有节制地向太湖排泄苏南运河洪涝水;苏南运河穿武澄锡虞区而过,汛期洪水可流入阳澄淀泖区境内,近年来随着运河沿线城市防洪大包围陆续兴建,沿运河泵站规模不断扩大,运河已成为两岸地区的主要排涝通道。

2. 河网调蓄

河网调蓄是河网水系在水文方面的重要功能之一,尤其在削减洪峰、降低洪涝危害中具有重要作用。武澄锡虞区内部调蓄包括圩外河网调蓄、圩内河网调蓄,主要作用是调蓄削峰,减少高水位持续时间。区域内圩外河网纵横,具有重要的调蓄功能,不仅可以存蓄水量,还在水系连通与行洪排涝方面发挥着重要作用,对缓解洪涝灾害具有重要作用;对于城市中心城区建设防洪大包围圈,对于低洼区域建成圩区,利用包围圈和圩区调蓄,合理限排,可以减轻圩外河道防洪压力。

3. 内部转移

一方面,区域内部在武澄锡低片、澄锡虞高片之间利用区域内建成的白屈港控制线,抵挡东部澄锡虞高片洪水进入武澄锡低片,使得高片洪水直接入江或向东入望虞河外排长江,实现高水高排,减少对低片洪涝的叠加影响;另一方面,内部转移还包含沿运河下泄产生的洪涝转移、城市包围圈集中排水产生的洪涝转移等。

在工程措施的基础上,区域内不同水利工程不同的调度方式会对河网水体流动性产生影响,改变河网区的水量分布,因此对区域内水利工程进行合理调控,可促使洪涝水有序外排,减少区域内高水位持续时间,从而实现区域、城区、圩区防洪除涝安全。武澄锡虞区防洪除涝任务逻辑分析如图 1-3 所示。

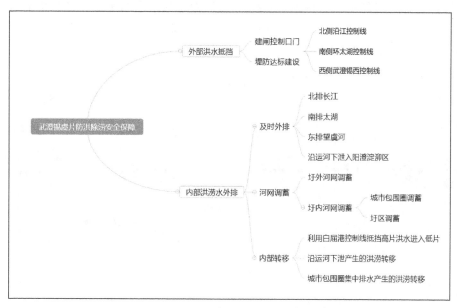

图 1-3 武澄锡虞区防洪除涝任务逻辑分析图

1.4.2 本书研究思路

太湖流域平原水网地区,水系相连,水体流动复杂,相互影响。经过历年治理,太湖流域防洪减灾、水资源配置、水生态环境改善三位一体的综合治理工程布局逐步完善,形成了"利用太湖调蓄、北向长江引排、东出黄浦江供排、南排杭州湾"的流域综合治理格局,基本形成了"引得进、蓄得住、排得出、可调控"的综合治理工程体系及调度体系。

武澄锡虞区作为太湖流域八大水利分区之一,是太湖流域水利调控体系的重要组成部分。武澄锡虞区防洪除涝安全保障涉及流域、区域、城市(城区)、圩区多个层面,本书在流域工程体系及调度体系的框架下,重点关注武澄锡虞区区域、城区、圩区三个层面及其之间相互协同的防洪除涝安全保障技术研究。在区域层面,着眼武澄锡虞区整体,兼顾区域内部不同片区特异性,以区域代表站水位安全度为目标,以抵御区域外来洪水、消纳本地降雨产水为核心,形成高低分开、洪涝分治的分片治理总体格局;在此基础上,进一步挖掘发挥区域、城区、圩区不同层面河网的调蓄功能,优化区域洪水多向分泄格局,协调区域-城区-圩区不同层面、北部沿江-南部沿湖-中部沿运河等不同片区的调控需求,形成多维统筹、分级调控的防洪除涝保障格局。在城区、圩区层面,着眼城市防洪工程和圩区安全,同时兼顾区域整体防洪需求,以适度、有序消纳和排泄城市防洪工程、圩区涝水为核心,通过河道疏浚、堤防达标建设、新增排涝动力等工程措施提高工程防御能力;通过预降水位、适度增加内部调蓄、相机排涝等调度手段进一步提高城市和圩区防洪除涝安全保障程度。

基于武澄锡虞区防洪除涝安全保障需求,利用洪涝水区间组合和叠加分析方法、多目标分析方法和协同理论,开展基于片区空间异质性的洪涝治理分片、基于蓄泄关系的区域滞蓄能力挖潜和基于工程调控能力的洪水多向分泄优化研究,均衡区域-城区-圩区的洪涝风险水平,统筹安排区域、城区、圩区的洪水和涝水的排泄路径和排泄时机,提高河网滞蓄能力,畅通排泄水出路,研发防洪除涝安全保障技术。其研究思路如图1-4 所示。

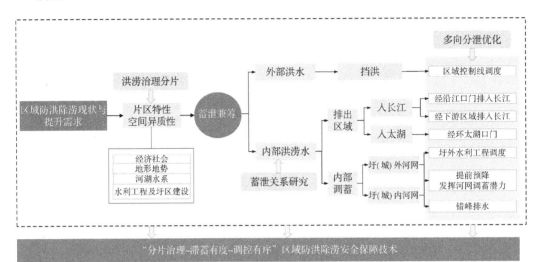

图 1-4　区域防洪除涝安全提升技术研究思路

2 武澄锡虞区防洪除涝现状

2.1 区域水网特征

2.1.1 主要河湖情况

武澄锡虞区境内有流域性河道 3 条、区域性骨干河道 9 条、跨县重要河道 9 条、县域重要河道 29 条、主要湖泊 7 个。

1. 流域性河道

流域性河道 3 条,分别为苏南运河、新沟河[含老新沟河(舜河)、漕河—五牧河、三山港、直湖港、武进港]、望虞河。

苏南运河起自长江谏壁口,止于江浙两省交界处的鸭子坝,兼有泄洪、排涝、航运等任务。苏南运河全长约 212.5 km,分为镇江、常州、无锡和苏州四段,其大部分河段两岸均建有护岸,规划防洪标准为 50~200 年一遇。

新沟河(延伸拓浚工程)地处无锡市和常州市结合部,从长江至石堰后分成两支,西支接三山港,东支接漕河—五牧河,穿过江南运河后分别经武进港、直湖港与太湖相连,兼有泄洪、排涝等任务,全长 97.5 km。

望虞河南起太湖边沙墩口,向北穿过京杭运河、漕湖、鹅真荡、嘉陵荡于常熟市耿泾口入长江,是沟通太湖和长江的流域性骨干引排河道,兼有泄洪、排涝、引水等任务,全长 62.3 km。

2. 区域性骨干河道

区域性骨干河道 9 条,分别为澡港河、锡澄运河、白屈港、张家港、十一圩港、走马塘、东青河、锡北运河、梁溪河。其中,澡港河北起长江,南至苏南运河,全长 21.4 km,兼有治涝、供水等任务;锡澄运河南起苏南运河(梅泾),北至长江江阴船闸,全长 37.5 km,兼有治涝、航运等任务;白屈港南起北兴塘(广益),北至长江白屈港枢纽,全长 43.3 km,兼有治涝、供水、航运等任务;张家港北起长江(张家港口),南至浏河(玉山),全长 106.9 km,兼有治涝、供水、航运等任务;十一圩港南起张家港(北澴),北至长江(二干河闸),全长 27.4 km,兼有治涝、供水、航运等任务;走马塘南起苏南运河,北至长江,全长 66.5 km,兼有治涝、航运等任务;东青河西起锡北运河(东湖塘),东至张家港(北澴),全长 13.9 km,兼有治涝、供水、航运等任务;锡北运河西起锡澄运河(堰桥),东至望虞河(冶塘),全长

47.3 km,兼有治涝、供水、航运等任务;梁溪河南起太湖(犊山枢纽),北至古运河(西水关),全长 7.8 km,兼有治涝、供水、航运等任务。

3. 跨县重要河道

跨县重要河道 9 条,分别为老桃花港、西横河、申港、黄昌河、东横河、盐铁塘、界河—富贝河、锡溧漕河、雅浦港。

4. 县域重要河道

县域重要河道 29 条,其中常州市区 6 条,分别为北塘河、丁塘港、潞横河、武南河、永安河、采菱港;江阴市 6 条,分别为桃花港、利港、新夏港、应天河、冯泾河、青祝河;无锡市区 7 条,分别为洋溪河—双河、北兴塘—转水河、九里河、伯渎港、曹王泾、小溪港、大溪港;张家港市 9 条,分别为太字圩港、朝东圩港、一干河、三干河、四干河—新奚浦塘、六干河—西旸塘、北中心河、南横套河—七干河、华妙河;常熟市 1 条,为北福山塘。

5. 主要湖泊

除南滨太湖外,区域内列入《江苏省湖泊保护名录》的主要湖泊(湖荡)尚有 6 个,分别为蠡湖、官塘、暨阳湖、宛山荡以及望虞河沿线的嘉菱荡、鹅真荡,其中嘉菱荡、鹅真荡及宛山荡为跨市湖泊。

2.1.2　河湖水系布局特征分析

1. 区域层面

上述通江达湖的重要引排河道以及主要横向调节河道,构成了武澄锡虞区水网的骨干框架,流域性河道与区域性骨干河道构成了水网的纲,是区域及市区的行洪、排涝、供水(含调水)、航运的主要通道。其他县级以排出县区和乡镇境内的洪涝水为主要作用;乡村河道分布在乡村范围内,是水网的"毛细血管"。

2. 城市层面

在区域河湖水系架构的基础上,武澄锡虞区境内常州市、无锡市河湖水系各自形成了多横多纵、纵横交错的河湖水系布局。

武澄锡虞区境内常州市河湖水系主要为常州市常武地区的水系。其中,澡港河、新沟河是入江河道,武进港为入湖河道,苏南运河自西北向东南贯穿本区,其余河道为内部交往河道。因此,该区域河湖水系基本构成了"三纵三横"的水网框架,"三纵"为澡港河、新沟河—三山港—武进港、永安河,"三横"为苏南运河、苏南运河改线段、武南河。

武澄锡虞区境内无锡市水系主要为无锡市锡澄地区的水系。锡澄地区水网由苏南运河、太湖和长江共同组成,总体以境内略呈横向的苏南运河为中轴构成河网水系,并通江达湖。该区域河湖水系基本构成了"六纵八横"的水网框架,"六纵"为新沟河—五牧河—直湖港、新夏港、锡澄运河、白屈港—无锡环城古运河—苏南运河、走马塘、望虞河,"八横"为苏南运河、伯渎港、九里河、锡北运河、界河—富贝河、青祝河—张家港、黄昌河—冯泾河—长寿河、西横河—应天河—华塘河。

3. 圩区层面

圩区河道水系规划以调蓄和排泄圩内地区涝水、保障农田灌溉用水为主要目的,因此圩内水系布局一般自成体系,通过闸坝调度与圩外河道实现连通。

2.2 区域水文特征

武澄锡虞区河网水文特性宏观上受长江和太湖影响,长江水位随潮汛和流域降雨发生变化,通常引水期水流方向从长江到运河乃至太湖;当长江水位较低又逢落潮或区域发生暴雨须向长江泄洪时,水流以北排长江、东泄运河为主。常州市区河网水流流向一般以由北向南、由西向东为主,其洪水出路主要是通过北排长江、南排太湖、东泄运河以及涠湖调蓄等路径实现,河网间水位涨落基本同步。无锡市锡澄地区水位大体呈西高东低之势,除苏南运河一般由西北向东南顺流出境,其余河流因降雨的丰枯,随江湖水位的差异,或引水灌溉,或调水改善市区水环境,或泄洪排涝,河道流向顺逆不定。

武澄锡虞区河网水位变化与区域降水和上下游河湖水位及水利工程调度运行有密切关系,一般在每年汛期开始(5月)随降水径流、上游来水增多而起涨,7月份达到最高值,高水期延至10月,10月以后水位下降,到翌年1—2月达到最低值。总体分析表明,武澄锡虞区汛期为每年的5—9月,非汛期为10月—翌年的4月。

武澄锡虞区地区主要代表站有青阳站、陈墅站、常州(三)站、无锡(大)站、洛社站等,城内主要代表站为常州城内、无锡城内水位站,各水位站基本情况见表2-1。青阳站位于锡澄运河与青祝河交汇处,地势较低,能够反映武澄锡低片水位变化。陈墅站位于武澄锡虞区的高片区,在东青河途经陈墅塘处,能够反映澄锡虞高片水位变化。常州(三)站(也称苏南运河钟楼闸站、常州钟楼闸站)、无锡(大)站(也称无锡仙蠡桥站)分别位于苏南运河常州市、无锡市改线段上,分别为常州市区、无锡市区外河水位代表站;洛社站位于无锡市惠山区洛社镇,与常州市相接,地处苏南运河无锡站上游。常州三堡街站(也称老运河常州站、老运河三堡街站)位于常州运北片防洪包围圈内,是常州市区内河水位代表站;无锡站(南门水位站)(也称无锡南门站)位于无锡运东片防洪包围圈内,是无锡市区内河水位代表站。

表 2-1 武澄锡虞区主要水位站基本情况

站名	所在河道	警戒水位(m)	保证水位(m)
青阳	锡澄运河	4.00	4.85
陈墅	陈墅塘(大塘河)	3.90	4.50
常州(三) (常州钟楼闸站)	苏南运河改线段	4.30	4.80
无锡(大) (无锡仙蠡桥站)	苏南运河改线段	3.90	4.53
洛社	苏南运河	4.00	4.85
常州城内 (常州三堡街站)	老运河	—	—
无锡城内 (无锡南门站)	老运河	—	—

2.3 现状防洪除涝格局

1991 年大水后,按照国务院治淮治太会议精神,太湖流域加快治太工程建设步伐,武澄锡虞区实施了武澄锡引排工程。2007 年无锡供水危机后,走马塘、新沟河等太湖流域水环境治理工程相继实施,在改善流域、区域水环境状况的同时,提升了流域、区域防洪除涝能力。近年来,针对区域综合治理存在的主要问题,武澄锡虞区为适应水情、工情的变化特别是太湖水环境保护的要求,以安全蓄泄区域洪涝水为重点,进一步增强水系连通,强化区域河网与长江、太湖的水力联系,优化完善区域治理格局,提高区域防洪除涝能力。

2.3.1 区域防洪除涝格局

现状武澄锡虞区基本防洪格局是:武澄锡低片依靠北部沿江控制线、南部环太湖控制线、东部白屈港控制线、西部武澄锡西控制线挡住外洪,内部洪涝水则以北排入江为主,相机入湖;澄锡虞高片洪涝水除通过张家港、十一圩直接北排长江外,其余东排望虞河(图2-1)。《太湖流域防洪规划》确定的武澄锡虞区防洪布局是以太湖流域防洪工程规划为基础,继续贯彻"高低分开、洪涝分治"的原则,完善外围防洪屏障和高低分片控制;扩大洪涝入江的出路,发挥防洪工程在水资源利用与保护等方面的综合功能;进一步整治配套内部河网,合理安排圩区抽排;城区按不同防洪标准要求建立防洪自保工程体系。

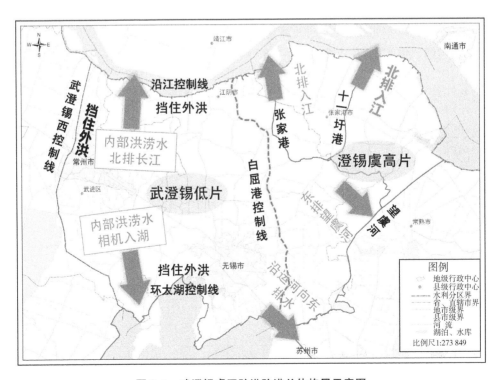

图 2-1 武澄锡虞区防洪除涝总体格局示意图

2.3.2　主要城市防洪格局

2.3.2.1　常州市

《常州市城市防洪规划(2017—2035年)》提出,常州市区按照流域、区域、城市三个层面的防洪格局,城市防洪体系需依托流域、区域治理降低面上洪水位,按照先外排、后内排,内外匹配、排挡结合的原则,进一步完善城区防洪总体布局。城市外围,必须与流域、区域治理相协调,继续扩大北排入江的能力,积极推动剩银河、肖龙港、老桃花港等重要通江河道整治,加快实施澡港河江边枢纽扩容,并结合航道提升实施魏村水利枢纽扩建,有效分流运河洪水,减轻汛期运河高水压力;城区内部,按照现有骨干水系格局和防洪排涝分片治理布局,加强采菱港、潞横河、草塘滨、机厂河等骨干河道治理,扩大与区域骨干外排通道的沟通能力,加快城区洪涝水及时外排,减轻防洪压力。同时,遵循"高水自排、低水抽排"的原则,在充分发挥内部调蓄能力的基础上,统筹提高分片排水标准;合理优化防洪排涝工程布局和运行调度方案,减轻城市与区域、上游与下游以及片区之间的洪涝矛盾。常州市防洪格局示意图见图2-2。

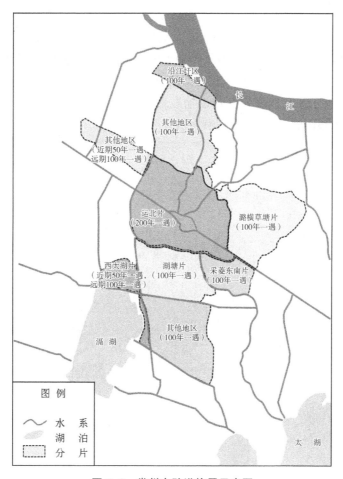

图 2-2　常州市防洪格局示意图

2.3.2.2 无锡市

《无锡市城市防洪规划报告(2017—2035年)》提出,无锡市区按照构建流域、区域和城市三个层面相协调的城乡一体化防洪除涝减灾工程体系的要求,充分发挥流域和区域工程体系的作用,在实施《太湖流域防洪规划》等确定的流域性防洪工程的基础上,统筹区域整体与全局、城市与区域相结合,城市带动区域,区域治理为城市防洪创造条件,将区域工程布局作为城市防洪工程布局的重要基础,以洪涝外排快速通道建设为重点,妥善安排洪涝水出路;对区域防洪不能满足高标准设防要求的重点城区,根据城市地形条件和水系情况,分别采取合理设置防洪控制圈、分片控制等方式实现重点城区和城市中心区的防洪自保;加强洪涝水合理调度,保障城市涝水外排有序,确保城市和外河堤防安全。无锡市防洪格局示意图见图2-3。

《无锡市城市防洪规划报告(2017—2035年)》也明确了无锡市分片防洪除涝治理重点。运东大包围片对现有防洪排涝能力复核,进一步完善防洪控制圈工程,提高运东大包围工程可靠度;太湖新城片和梁溪片结合水环境保护,合理构建运西大包围,形成灵活的防洪控制圈,并对局部低洼区进行设防改造,保障运西部分中心城区的防洪安全,确保该区域长治久安;惠北片、惠南片以及锡北片等地势低洼、以圩区为主的区域,维持现状筑堤设防抽排格局,通过堤防和排涝站建设,巩固提高各片区防洪排涝能力;锡东片和新区片等地势高亢区域,充分利用现有工程,实行面上分散治理,在尽量保护现有水系的前提下,结合区域开发进一步理顺、沟通和强化内部河道,改善高片区排水条件,确保排水畅通,局部低洼地通过兴建圩区或结合开发建设抬高地坪实现防洪安全。马山片为相对独立片区,主要实行圩区和山区分治,巩固现有防洪体系。

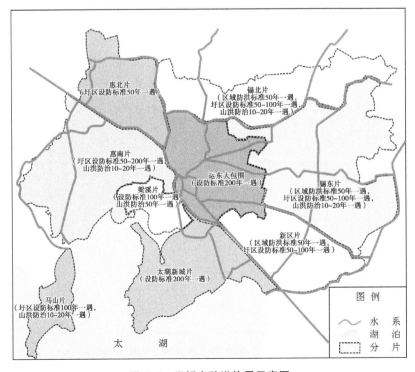

图2-3 无锡市防洪格局示意图

2.4 现状主要水利工程及调度方案

2.4.1 现状主要水利工程

武澄锡虞区目前形成了沿江控制线、环太湖控制线、武澄锡西控制线、白屈港控制线等骨干治理工程,区域内部还针对洼地建设大小圩区(含城市防洪工程)进行防洪除涝治理。武澄锡虞区河网密布、水流往复,大量圩区建设、控制建筑物及其调度运用使得该区域水流形势受人类活动影响尤为显著。

2.4.1.1 区域主要控制线工程

1. 沿江控制线

沿江控制线是区域沿长江口门兴建的控制建筑物而形成的控制线,具有挡洪、排涝、引水等功能。据调查统计,武澄锡虞区沿江口门(闸泵)共 25 个,包括常州市 2 个,主要为澡港枢纽、老桃花港排涝站,位于新北区境内;无锡市 13 个,主要包括新河闸、窑港闸、利港闸、芦埠港闸、申港闸、新沟河江边枢纽、夏港抽水站(新夏港枢纽,又称夏港新站)、夏港水闸、定波北闸(工农闸)、定波闸、白屈港抽水站、大河港闸、石牌港闸,位于江阴市境内;苏州市 10 个,分别为走马塘江边枢纽、六干河闸、四干河闸、三干河闸、一干河闸、朝东圩港泵闸、太字圩港闸、张家港闸、十一圩港闸、福山闸,位于张家港市、常熟市境内。设计泵排流量合计为 407 m^3/s。依据《苏南运河区域洪涝联合调度方案(试行)》(苏防〔2016〕22 号),澡港枢纽、新沟河江边枢纽、新夏港枢纽、工农闸、白屈港枢纽、张家港闸、十一圩闸、走马塘江边枢纽 8 个口门为武澄锡虞区大型通江口门,其设计自排过闸流量合计为1 809 m^3/s,设计泵排流量合计为 365 m^3/s。

2. 环太湖控制线

环太湖控制线是沿太湖主要出入湖口门兴建的控制建筑物而形成的控制线,具有从太湖引水、向太湖排水等功能。据调查统计,武澄锡虞区环太湖口门共 24 个,包括常州市 2 个,分别为雅浦港枢纽、武进港枢纽,位于武进区境内;无锡市 22 个,主要包括新开港闸、高墩港闸、新库港闸、六步港套闸、大溪港闸、小溪港闸、许仙港闸、张桥港闸、杨干港闸、壬子港套闸、庙港闸、新港闸、黄泥田港节制闸、吴塘门套闸、犊山水利枢纽、梅梁湖枢纽、五里湖闸、七号桥节制闸、礼让桥水闸、鱼港一号排涝站、直湖港枢纽、闾江口节制闸,位于无锡市境内。依据《苏南运河区域洪涝联合调度方案(试行)》(苏防〔2016〕22 号),武澄锡虞区排水入太湖的主要口门有 21 个,其设计排水流量合计为 1 209 m^3/s。

3. 武澄锡西控制线

武澄锡西控制线是区域控制上游湖西高片来水的控制线,以防洪功能为主,主要用途为阻挡湖西高水入侵。目前武澄锡西控制线共建成 10 个口门建筑,均在常州市,其中,武进区 9 个,钟楼区 1 个。武进区主要有南运河闸、武南河闸、渡船浜闸、曹窑港闸、丁舍浜闸、永安河闸、大寨河节制闸、横扁担河闸、南宅河闸。钟楼区为钟楼闸,位于苏南运河常州市区改线段上,为一座单孔净宽 90 m 的防洪闸,距老武宜运河河口上游约 600 m,是武澄锡西控制线上的主要防洪控制工程,其主要任务是,在大洪水期启用,减轻常州、无锡、苏州三大城市和武澄锡低洼地区的防洪压力。

4. 白屈港控制线

考虑到澄锡虞高片地区排涝问题,在武澄锡虞高低片分界线外设立白屈港控制线,它同时控制了武澄锡低片的污水通过白屈港控制线进入望虞河,主要包括东横河东节制闸、芦墩浜节制闸、周庄套闸、祝塘套闸、文林套闸、双泾河闸、许坝节制闸、永安桥套闸等工程,均位于无锡市。

2.4.1.2 主要城市防洪工程

1. 常州市

常州先后完成了第一轮治太工程、长江堤防达标工程,水库加固、重点区域治理、城市防洪和农田水利建设也取得明显进展,全面形成了防洪、挡潮、灌溉、调水、降渍五大工程体系,基本形成江水南调、西水东引、引江济太调水工程体系,实现长江与太湖互通互济,为经济社会发展提供了有力的支撑和保障。依托上述工程布局,常州市形成"西蓄、北排、东泄、中控"治水方略。"西蓄"即利用西部溧阳、金坛山丘区水库塘坝蓄、滞洪水;"北排"即利用新孟河、德胜河、澡港河等通江河道,依靠潮位落差,将涝水北排入江;或利用沿江魏村水利枢纽、澡港枢纽抽水站抽排涝水入江;"东泄"即洪涝水一方面沿京杭运河向东入无锡境内,另一方面沿洮滆水系向东入太湖;"中控"即利用钟楼闸、新闸在内的武澄锡西控线和丹金闸等防洪控制工程,落实"高水高排、低水低排、洪涝分治"的治理原则。

2007年,《常州市城市防洪规划修编报告》批准实施,将常州市分为运北片、潞横革新片、湖塘片、采菱东南片和其他地区等,实行分片治理。随着苏南运河南移工程的建设并顺利实施,2008年开始的城市中心区大包围运北片节点枢纽工程全面启动,北塘河枢纽、大运河东枢纽(工程名中大运河即苏南运河,下同)等相继建成,至2013底,澡港河南枢纽、老澡港河枢纽、永汇河枢纽、北塘河枢纽、横峰沟枢纽、糜家塘枢纽、丁横河枢纽、大运河东枢纽、采菱港枢纽、串新河枢纽、南运河枢纽11座运北大包围枢纽节点工程基本建成并投入运行,11座枢纽工程排涝设计总流量为306 m³/s,排涝模数为1.96 m³/(s·km²);湖塘片等武进城区按《常州市城市防洪规划修编报告》拟定的防洪工程分批建成,北塘河、武南河城区段等骨干河道整治工程等陆续实施,防汛信息系统建设取得长足进步,市区建成区防洪除涝减灾能力得到明显改善。随着上述城市防洪工程的建成投运,常州市的城市防洪标准已达到50年一遇,其中常州市运北片(中心城区)城市防洪标准达到200年一遇,湖塘片防洪标准达100年一遇。

2. 无锡市

无锡市易受长江洪潮、太湖洪水和西部洪水的多重威胁。城市防洪主要依托流域和区域防洪工程,东以白屈港控制线、南以环太湖控制线、西以武澄锡西控制线、北以长江大堤四条控制线为主体防御外部洪水侵袭,内部主要依靠圩区防御区域洪水。

根据《无锡市城市防洪规划》(2001年)和《无锡市城市防洪工程可行性研究报告》(2003年)(以下简称《可研报告》),无锡市运东大包围自2003年开始建设,到2010年止,城市防洪主体工程基本完成,主要建筑物包括仙蠡桥、江尖、伯渎港、九里河等八大水利枢纽和32 km堤防以及11座小口门建筑物,沿线7座泵站,总排涝设计流量为415 m³/s,大包围防洪标准基本达到200年一遇,排涝能力基本达到20年一遇标准;运西片实施了包括山北北圩、山北南圩、盛岸联圩等 6 个圩区的达标建设和河埒地区的山洪防治工程。工程在防洪、排涝和改善水环境等方面发挥了明显作用。在工程实施过程中,城市防洪规划范围、防洪排涝标准、总体布局和主要工程规模等基本按《可研报告》实施,局部根据各方需求和实际情况做了适当调整。调整的主要内容有:运东大包围范围适当向东拓展,将东亭经济开发区纳入大包围内,运东大包围保护面积由原规划确定的 121 km² 扩大到 136 km²;北兴塘水利枢纽由通津桥东移至万安桥,泵站规模由 45 m³/s 扩大到 60 m³/s;江尖节制闸由《可研报告》中的 6 孔 64 m 调整为 3 孔 75 m;寺头港节制闸规模由 8 m 调整为 2 孔 12 m;利民桥节制闸净宽由 20 m 调整为 16 m;严埭港船闸孔径由 12 m 调整到 16 m。上一轮城市防洪规划确定的工程内容中,未能全部实施的主要有运东大包围内部分骨干河道整治、包围内二级圩区达标建设、部分堤防等。

2.4.1.3 圩区工程

武澄锡虞区圩区众多,现有圩区面积 1 167 km²(含常州和无锡城市大包围),圩区总排涝流量为 2 217 m³/s,平均排涝模数为 1.9 m³/(s·km²),主要圩区堤顶高程为 6.5～9.0 m。其中,5 万亩[①]以上圩区有 4 个,包括无锡市城市防洪工程、无锡市玉前大联圩、常州市运北片、常州市采菱东南片,合计圩区面积 48.4 km²、平均排涝模数 3.21 m³/(s·km²);1～5 万亩圩区 24 个,包括常州市境内 7 个、无锡市境内 17 个,合计圩区面积 375.21 km²、平均排涝模数 2.27 m³/(s·km²)。万亩以下圩区面积合计面积 577.5 km²、平均排涝模数1.44 m³/(s·km²)。

根据《苏南运河区域洪涝联合调度方案(试行)》,苏南运河沿线常州市有 14 个圩区,圩区总面积 60.14 km²,直接排入运河流量为 65.4 m³/s;苏南运河沿线无锡市有 4 个圩区,圩区总面积 250.2 km²,直接排入运河流量为 39.5 m³/s。

2.4.2 主要调度方案

2.4.2.1 流域主要调度方案

目前流域层面的调度方案主要包括 2009 年水利部批复执行的《关于印发太湖流域引江济太调度方案的通知》(水资源〔2009〕212 号)、2011 年国家防汛抗旱总指挥部批复执行的《太湖流域洪水与水量调度方案》(国汛〔2011〕17 号)和 2018 年国家发展改革委、水利部批复执行的《太湖流域水量分配方案》(发改农经〔2018〕679 号)。本节主要介绍《太湖流域洪水与水量调度方案》中与武澄锡虞区相关的工程调度方案。

1. 太湖调度控制水位

4 月 1 日至 6 月 15 日,防洪控制水位 3.10 m;调水限制水位 3.00 m。6 月 16 日至 7 月 20 日,防洪控制水位按 3.10 m 至 3.50 m 直线递增;调水限制水位按 3.00 m 至 3.30 m 直线递增。7 月 21 日至次年 3 月 15 日,防洪控制水位 3.50 m;调水限制水位 3.30 m。3 月 16 日至 3 月 31 日,防洪控制水位按 3.50 m 至 3.10 m 直线递减;调水限制水位按 3.30 m 至 3.00 m 直线递减。

2. 洪水调度

当太湖水位高于防洪控制水位且低于 4.65 m 时,实施洪水调度,并按下列情形执行:

---

① 1 亩≈667 m²。

（1）望虞河工程

① 望亭水利枢纽：当太湖水位不超过 4.20 m 时，望亭水利枢纽泄水按琳桥水位不超过 4.15 m 控制；当太湖水位不超过 4.40 m 时，望亭水利枢纽泄水按琳桥水位不超过 4.30 m 控制；当太湖水位不超过 4.65 m 时，望亭水利枢纽泄水按琳桥水位不超过 4.40 m 控制。当预报望虞河下游地区遭受风暴潮或地区性大暴雨时，望亭水利枢纽提前适当减少泄量。

② 常熟水利枢纽：当太湖水位高于防洪控制水位时，望虞河常熟水利枢纽泄水；当太湖水位超过 3.80 m，并预测流域有持续强降雨时，开泵排水。

③ 望虞河两岸水利工程：蠡河、伯渎港、九里河和裴家圩枢纽在望亭水利枢纽泄水期间不得向望虞河排水。

（2）环太湖口门

环太湖各敞开口门应保持行水通畅。当太湖水位不超过 4.20 m 时，犊山口节制闸开闸泄水；在太湖水位超过 4.20 m 后，可以控制运用。

（3）沿长江口门

沿长江各水利工程要根据太湖及地区水情适时引排，保持合理的河网水位；在太浦闸和望亭水利枢纽泄洪期间要全力泄水，并服从流域防洪调度。

2.4.2.2 武澄锡虞区主要调度方案

1. 苏南运河区域洪涝联合调度方案（试行）

2016 年江苏省防汛防旱指挥部（以下简称省防指）制定批复了《苏南运河区域洪涝联合调度方案（试行）》（苏防〔2016〕22 号）。其中武澄锡虞区相关的工程调度方案如下：

（1）沿江工程调度

当天气预报有较大降雨时，沿江口门应适时开闸，充分利用长江潮位涨落规律抢排，预降水位到正常控制水平以下；当长江潮位较高，自排受阻，必要时利用泵站抽排。汛期调度按照以下方案执行。

① 澡港枢纽：当常州（三）站水位高于 4.00 m 时，开闸排水；当常州（三）站水位高于 5.00 m 时，开泵抽排；当常州（三）站水位稳定在 4.80 m 以下时，停机。

② 新沟河江边枢纽（节制闸）：当常州（三）站水位高于 4.00 m、无锡（大）站水位高于 3.60 m 时，开闸排水。

③ 定波闸及其他沿江水闸：当青阳站水位高于 3.70 m 时，开闸排水。

④ 白屈港、新夏港枢纽：当青阳站水位高于 3.70 m 时，开闸排水；当青阳站水位高于 4.20 m 时，开泵抽排。

⑤ 张家港闸、十一圩港闸：当张家港市东横河水利枢纽河水位高于 3.80 m 或无锡（大）站水位高于 3.60 m 时，开闸排水。

⑥ 走马塘江边枢纽：当无锡（大）站水位高于 3.60 m 时，开闸排水。

⑦ 望虞河常熟水利枢纽：当无锡（大）站水位高于 3.60 m 时，开启节制闸排水；当无锡（大）站水位高于 3.90 m 且不能自排时，开启泵站抽排。

（2）环太湖工程调度

环湖其他口门的调度，一般情况下应按照《太湖流域洪水与水量调度方案》（国汛

〔2011〕17号)执行。为兼顾苏南运河区域排水和太湖水环境保护的要求,可关闭或按套闸方式运行。

① 直湖港闸、武进港闸、雅浦港闸:考虑到对太湖水质的影响,直湖港闸、武进港闸、雅浦港闸一般情况下按套闸方式运行。遇区域强降雨时,雅浦港闸、武进港闸报省防指批准后可开闸排水,且雅浦港闸优先开启。当雅浦港闸上水位高于3.90 m时,雅浦港闸和武进港闸开闸排水。当无锡(大)站水位为3.90~4.50 m时,由无锡市人民政府综合分析,决定直湖港闸是否开闸排水。当无锡(大)站水位高于4.50 m时,直湖港闸开闸排水。

② 其他口门:为兼顾苏南运河区域排水和太湖水环境保护的要求,环太湖其他口门一般情况下关闭或按套闸方式运行。当无锡(大)站水位达到4.40 m且有继续上涨趋势时,关闭梁溪河与苏南运河连通的仙蠡桥南枢纽、张巷浜节制闸及骂蠡港节制闸,开启犊山防洪工程节制闸,有节制地向太湖排泄梁溪河涝水;当无锡(大)站水位达到4.65 m且有继续上涨趋势时,由无锡市人民政府综合分析,决定是否开启张巷浜节制闸,有节制地向太湖排泄苏南运河洪涝水。

(3) 城市大包围调度

当苏南运河沿线代表站水位低于100年一遇设计洪水位时,城市大包围按已批准的方案运行,及时排水,确保大包围内部排涝安全。当苏南运河沿线代表站水位在100~200年一遇设计洪水位之间时,沿运河泵站相机排水。当包围圈内代表站水位低于设定门槛值(内部最高控制水位以下20 cm)时,沿运河泵站停机,包围圈内其他泵站根据排涝要求进行调度;当包围圈内水位高于设定门槛值时,沿运河泵站开机排水。当苏南运河沿线本河段或下一河段代表站水位高于200年一遇设计洪水位时,沿运河泵站原则上不得向运河排水。

① 常州市运北大包围调度方案。常州(三)站水位不超过5.80 m:当常州三堡街站水位超过4.30 m时,启动大包围,开机排水。常州(三)站水位为5.80~5.95 m:当常州三堡街站水位低于4.60 m时,沿运河泵站停机,包围圈内其他泵站根据排涝要求进行调度;当常州三堡街站水位高于4.60 m时,沿运河泵站开机排水。当常州(三)站水位超过5.95 m或无锡(大)站水位超过5.15 m时,沿运河泵站原则上不得向运河排水。

② 无锡市运东大包围调度方案。无锡(大)站水位不超过5.00 m:当无锡南门站水位超过3.80 m时,启动大包围,开机排水。无锡(大)站水位为5.00~5.15 m:当无锡南门站水位低于4.00 m时,沿运河泵站停机,包围圈内其他泵站根据排涝要求进行调度;当无锡南门站水位高于4.00 m时,沿运河泵站开机排水。当无锡(大)站水位超过5.15 m或苏州(枫桥)站水位超过5.10 m时,沿运河泵站原则上不得向运河排水。

(4) 其他主要圩区调度

当苏南运河沿线代表站水位低于防洪设计水位时,圩区内部水位达到起排水位后,各圩区可抢排涝水。当苏南运河沿线代表站水位高于防洪设计水位时,沿运河圩区泵站应适时限排,限排原则是:农业圩先限排,水面率大调蓄能力强的圩区先限排,圩内无重点防洪对象且经济损失小的圩区先限排。

(5) 其他主要工程调度

① 钟楼闸:当无锡(大)站水位低于4.60 m且常州(三)站水位低于5.30 m时,钟楼闸

敞开泄洪,保持正常航运。当无锡(大)站水位达到 4.60 m 或常州(三)站水位达 5.30 m,且根据天气预报湖西及武澄锡有较大降雨过程,无锡、常州水位均将继续迅速上涨时,根据省防指指令,由海事部门实施停航管制,启动关闸程序。钟楼闸关闭期间,当丹阳水位达到 6.50 m 且根据天气预报湖西地区有较大降雨过程,丹阳站水位可能超过 6.80 m 时,如无锡(大)站水位低于 4.00 m 同时常州(三)站水位低于 4.70 m,钟楼闸全开宣泄湖西高水;如无锡(大)站水位为 4.40~4.80 m,同时常州(三)站水位为 5.20~5.50 m,钟楼闸部分泄水,泄洪流量根据无锡(大)站、常州(三)站、丹阳站的水位和洪水预报分析确定。当无锡(大)站水位超过 4.80 m 或常州(三)站水位超过 5.50 m,同时丹阳站水位超过 6.80 m 时,钟楼闸控制泄流,由省防指根据上下游灾情统一调度。洪水退水期间,当无锡(大)站水位低于 4.60 m 同时常州(三)站水位低于 5.30 m,钟楼闸部分泄水,泄至闸上下游水位差小于 0.50 m 时,钟楼闸全部开启,恢复通航。

② 蠡河控制工程:当无锡(大)站水位超过警戒水位 3.90 m,且蠡河控制工程处运河水位高于望虞河水位时,分泄苏南运河洪水入望虞河。

2. 走马塘张家港枢纽工程调度运用方案(试行)

2015 年,江苏省太湖地区水利部门根据《走马塘张家港枢纽工程初步设计》及防汛防旱、排涝调度实践,制定了《走马塘张家港枢纽工程调度运用方案(试行)》,经省防指批复执行(苏防〔2011〕15 号)。具体调度运用原则为:

(1)引江济太期间

张家港枢纽暂停排水。

(2)非引江济太期间

① 张家港枢纽立交地涵:当苏南运河无锡水位高于 2.80 m 且苏锡交界断面水质状况较好时,可开启立交地涵。当苏南运河无锡水位低于 2.80 m 或苏锡交界断面水质不好(劣于 V 类)时,关闭立交地涵。

② 张家港枢纽退水闸:走马塘未排水期间,当望虞河西岸北部地区水环境需要改善或遭遇局部暴雨时,可开启退水闸北排西岸北部地区来水。

③ 张家港枢纽闸站工程:当开启立交地涵或退水闸北排望虞河西岸南部或北部地区水时,启用节制闸排水。当闸下水位高于闸上水位节制闸无法排水时,启用泵站抽排。当自排不能满足河网水体流动需要时,关闭节制闸,启用泵站抽排。

(3)区域防洪、排涝调度

当无锡水位高于 4.00 m 时,区域防洪除涝压力增大,停止张家港枢纽运行。或受区域河网水环境容量、各行各业对水资源利用等要求的限制,或老七干河处水位超过 3.80 m(无降雨时)或 3.60 m(有降雨,日降雨超过 50 mm)时,停止张家港枢纽运行。

3. 武澄锡西控制线调度原则

当直武地区水位超过 4.50 m 时,开闸向湖西排水,并挡湖西高水入侵武澄锡低片。当直武地区水位低于 4.50 m 时,湖西水可以进入直武地区,直武地区水调向北排,不进入湖西。

4. 白屈港控制线调度原则

当无锡水位高于 3.60 m 且高片洪水倒流入侵低片时,关闭控制线,其他时间开闸自流。

2.5 历史洪涝灾害情况及典型洪水应对实践

2.5.1 历史洪涝灾害情况

武澄锡虞区发生洪涝灾害的年份主要为 1954 年、1962 年、1991 年、1999 年、2015 年、2016 年、2020 年。

1954 年,太湖流域最大 90 日降雨量为 890.5 mm,接近 50 年一遇;武澄锡虞区最大 90 日降雨量为 773.1 mm,重现期约为 12 年,60 天以内各时段降雨重现期均在 2～6 年。无锡于 7 月 28 日出现 4.73 m 的最高瞬时水位,超过警戒水位的时间长达 141 天,常州 7 月 23 日最高水位达 5.24 m,高水持续近 2 个月。其成灾原因是流域与区域均缺乏防洪工程,又适遇长江百年一遇大水,地区排水受阻。区域受灾面积达 785 万亩,无锡市区受淹住户接近 2 万户,有近百家工厂停产,经济损失约 1.6 亿元。常州当年直接经济损失达 920 万元。

1962 年 9 月 5 日,14 号台风过境,降雨集中在 5 日、6 日两天,暴雨中心位于武澄锡虞、阳澄淀泖和杭嘉湖区一线,太湖流域最大 3 日降雨量为 238.0 mm,接近百年一遇;武澄锡虞区最大 3 日降雨量为 245.0 mm,重现期约为 43 年。无锡南门站水位从 9 月 5 日的 3.36 m 猛涨至 9 月 6 日的最高 4.64 m。本区受淹面积达 35.6 万亩,仅无锡市受淹就有 7 767 户,25 家工厂停产。

1991 年,武澄锡虞区最大 3 日降雨量为 260.0 mm,重现期有 60 年,最大 7 日降雨量约 348.0 mm,重现期为 72 年,30 日以上时段降雨重现期都接近百年或在百年以上。太湖水位一路上升到 7 月 15 日的 4.79 m,无锡南门站水位在 7 月 1 日到 2 日的一天之内由 3.93 m 迅猛上涨至 4.88 m 的瞬时最高值。常州水位上升到 5.53 m,并居高不下,超过 5.00 m 的水位达 18 天。武澄锡虞区直接经济损失就达 47.8 亿元;无锡市区 28% 的地面被淹,淹水深度超过 2.0 m 的面积也达 3.3 km²,4 000 多家企业处于停产和半停产,20 多万户居民家中进水,全市直接损失超过 34 亿元。常州市区 828 家工厂受淹,335 家被迫停产或半停产,2 万户居民家中进水,直接经济损失 4 亿多元。

1999 年,太湖流域最大 7 天平均降雨量为 335 mm,重现期为 196 年。阳澄淀泖区 7 天以上各时段降雨重现期为 50～100 年。武澄锡虞、湖西区降雨重现期相对较小,一般在 10 年左右,最大重现期为武澄锡虞区 90 天降雨,也只有 55 年。7 月 8 日,太湖最高洪水位为 5.08 m(报汛值),武澄锡地区降雨强度虽远低于 1991 年,但运河无锡(大)站水位最高也达 4.74 m,防汛形势十分紧张。由于太湖下游地区降雨量大,尽管治太工程发挥了巨大作用,但太湖洪水排泄不畅,因此造成太湖高水位持续不下。

2015 年,暴雨中心主要位于湖西、武澄锡虞和沿江地区。武澄锡虞区最大 15 日降雨量为 517.8 mm,位列历史第一。运河沿线站点水位普遍超警戒,其中常州钟楼闸站(6.42 m)、运河无锡(大)站(5.18 m)水位超历史。6 月 15 日到 17 日第一次强降雨受灾人口约 21.23 万人,住宅受淹 3.78 万户,农作物受灾面积 23.03 万亩,成灾 3.25 万亩,停产企业 1 965 家,因洪涝灾害造成的直接经济损 11.61 亿元。常州市区受灾人口 32.86 万人,转移人口 1.91 万人,农作物受灾面积 15.27 万亩,工矿企业受淹 4 782 家,停产企业 2 116 家,因灾直接经济损失 36.23 亿元。张家港紧急转移人口 1 100 人,临时受淹农田 20.8 万亩,直接经济损失约 7 000 万元。

2016 年,受超强厄尔尼诺影响,太湖流域发生了特大洪涝,武澄锡虞区最大 7 日降雨量为 294.5 mm,约为 22 年一遇,最大 15 日降雨量为 457.0 mm,约为 60 年一遇。湖西区最大 3 日、7 日、15 日降雨量均超历史最大值。7 月 8 日 20 时太湖水位达到 4.87 m,历史排位第 2。运河无锡(大)站水位最高涨至 5.28 m,超历史记录 0.10 m。受灾情况:无锡市 7 个市(区)出现洪涝灾害,受灾人口 20.13 万人,转移人口 2.36 万人,农作物受灾面积 34.44 万亩,成灾 0.04 万亩,工矿企业受淹 884 家,因灾直接经济损失 5.13 亿元;常州市区受灾人口 8.05 万人,转移人口 2.01 万人,农作物受灾面积 18.3 万亩,工矿企业受淹 697 家,因灾直接经济损失 14.41 亿元。

2020 年,太湖流域强降水多发、频发,太湖年最高水位达 4.79 m,太湖流域发生流域性大洪水,地区河网水位全面超警超保,部分站点水位创有实测资料以来新高。太湖流域年降水量较常年同期偏多 27%,空间上总体呈南部大于北部,时程上 7 月降水量位列历史同期第 1 位。流域暴雨中心主要位于杭嘉湖区、浙西区,空间上总体呈南部大于北部的特点,对杭嘉湖区、浙西区产生严重影响,并未对武澄锡虞区产生严重影响。武澄锡虞区梅雨期有一次较大洪水涨落过程,代表站水位全年多次超警,其中无锡(大)、青阳、陈墅 3 个地区代表站均于 7 月 20 日出现全年最高水位,分别为 5.05 m、4.98 m、4.80 m。

综合来看,近年来 2015 年、2016 年武澄锡虞区由于流域梅雨型洪水发生洪涝灾害,2020 年太湖流域暴雨中心主要位于杭嘉湖区、浙西区,空间上总体呈南部大于北部的特点,对杭嘉湖区、浙西区产生严重影响,并未对武澄锡虞区产生严重影响。因此,2015 年、2016 年降雨对于武澄锡虞区防洪除涝具有典型性,本书将 2015 年、2016 年作为后续武澄锡虞区防洪除涝研究的典型年份。

2.5.2 区域近年典型防洪除涝实践

2.5.2.1 2015 年区域暴雨洪水

1. 洪水情况

2015 年太湖流域降雨偏多偏强,时空分布不均,6—7 月发生了由梅雨导致的大洪水。太湖流域 6 月 7 日入梅,7 月 13 日出梅,梅雨期 36 天,较常年同期偏多 11 天,流域梅雨量 423.7 mm,较常年同期偏多 75%,位列自 1954 年以来的第 5 位。梅雨期降雨主要集中在 6 月 15—17 日(以下简称"6·16 强降雨")和 6 月 26—30 日(以下简称"6·26 强降雨"),占梅雨量的 63%。空间上,降雨主要集中在流域北部区域,各水利分区梅雨量最大的为武澄锡虞区,降雨量为 585.2 mm,为常年同期的 2.2 倍以上。武澄锡虞区最大 15 日和 30 日降雨量均超历史最大值,位列自 1954 年以来的第 1 位,最大 3 日、7 日、15 日、30 日、60 日、90 日降雨量均位列历史前 3 位,其中武澄锡虞区最大 60 日降雨量重现期超 100 年。

在"6·16 强降雨"过程中,太湖流域面平均雨量为 119.8 mm,武澄锡虞区面雨量达 183.6 mm,为流域内降雨量最大的水利分区;最大点雨量为青阳站,达 277.8 mm。在 "6·26 强降雨"过程中,太湖流域面平均雨量为 141.8 mm,武澄锡虞区面雨量达

284.8 mm,仍为流域内降雨量最大的水利分区;最大点雨量为澡港闸,达 493.0 mm;常州站为 362.0 mm,其最大 24 小时雨量和最大 3 天雨量均超 200 年一遇。

受梅雨期强降雨影响,6 月中下旬至 7 月上旬太湖及河网水位迅速上涨,北部区域站点普遍超保证水位,见表 2-2。其中,金坛、常州(钟楼闸上)、无锡(大)、青阳、洛社、琳桥 6 个站点水位超历史记录,其中,常州(钟楼闸上)站两次刷新历史记录,超历史记录达 0.91 m。

表 2-2　2015 年太湖及河网代表站年最高水位情况　　　　　　　　单位:m

序号	类别	站名	2015 年最高水位	发生时间	警戒水位/保证水位	2015 年以前历史最高水位	超历史幅度
1	太湖	太湖*	4.19	7 月 13 日	3.80/4.66	4.97	—
2	运河沿线	丹阳	7.14	6 月 27 日	5.60/7.20	—	—
3		常州(钟楼闸上)*	6.43	6 月 27 日	4.30/4.80	5.52	0.91
4		常州(钟楼闸下)*	6.08	6 月 27 日	4.30/4.80	5.52	0.56
5		无锡(大)*	5.18	6 月 17 日	3.90/4.53	4.88	0.30
6		洛社*	5.36	6 月 17 日	4.00/4.85	5.01	0.35
7		苏州(枫桥)	4.51	6 月 17 日	3.80/4.20	4.58	—
8	望虞河	琳桥*	4.68	6 月 17 日	3.80/4.20	4.48	0.20
9		望亭立交(闸上)*	4.26	7 月 12 日	3.80/4.20	—	—
10		望亭立交(闸下)*	4.61	6 月 17 日	3.80/4.20	—	—
11	湖西区	金坛	6.54	6 月 28 日	5.00/6.00	6.37	0.17
12		王母观	6.08	6 月 29 日	4.60/5.60	6.12	—
13		坊前	5.22	6 月 30 日	4.00/4.50	5.43	—
14	武澄锡虞区	青阳*	5.33	6 月 17 日	4.00/4.85	5.06	0.27
15		陈墅*	5.13	6 月 17 日	3.90/4.50	5.52	—
16	阳澄淀泖区	湘城	4.00	6 月 18 日	3.70/4.00	4.31	—
17		陈墓	3.72	6 月 18 日	3.60/4.00	4.24	—
18	重点城市	常州(钟楼闸上)*	6.43	6 月 27 日	4.30/4.80	5.52	0.91
19		无锡(大)*	5.18	6 月 17 日	3.90/4.53	4.88	0.30
20		苏州(枫桥)	4.51	6 月 17 日	3.80/4.20	4.58	—

注:标 * 号的为武澄锡虞区相关站点。

2. 应对实践

(1) 沿江口门

沿江水利工程执行"高潮挡潮、低潮抢排"预降预排河道水位。低潮位时沿江所有水闸全力排水,降低内河水位,高潮位时关闸挡水。

常州市于 6 月 17 日凌晨起,开启魏村水利枢纽泵站、澡港枢纽泵站向长江排水,共排水 481 万 m³。无锡市于 6 月 17 日凌晨起,开启白屈港、新夏港泵站排涝,排涝流量

145 m³/s,19 日 11 时停机；24 日 19 时再次开启白屈港、新夏港泵站排涝，排涝流量145 m³/s,排水量 9 846 万 m³,7 月 1 日 8 时停机；闸排自 24 日开始至 30 日，累计排涝量1.63 亿 m³。

（2）环太湖口门

利用环太湖闸站向太湖分泄部分区域洪水。6 月 16 日 17 时、20 时，常州市开启雅浦港闸（闸上水位超 3.8 m）、武进港闸（闸上水位超 4.0 m）向太湖泄洪，至 7 月下旬关闭。6 月 17 日 7 时，无锡市开启直湖港、吴塘门、犊山等沿湖水闸泄洪，18 日 5 时，关闭直湖港、犊山等环湖节制闸。6 月 27 日 6 时，运河无锡（大）站水位涨至 4.60 m，无锡市再次打开直湖港、新开港、大溪港、小溪港、吴塘门节制闸向太湖泄洪，以缓解苏南运河沿线地区的防汛压力，至 7 月 2 日 9 时关闭。

（3）城市防洪大包围工程

降雨前，利用城市防洪大包围工程预降圩内水位；降雨期间，大包围控制运行，根据大包围内外水位情况，在保证大包围圩内水位安全的情况下，适时调整排水方向和开机台数。

常州市于 6 月 17 日 3 时，启动运北片城市防洪大包围工程。无锡市于 6 月 16 日降雨前，提前关闭运东大包围口门，预降无锡南门站水位至 3.35 m；降雨期间，最多时开机 16 台，最大排涝流量达 240 m³/s,逐渐减少到 2 台，运河沿线最多时开机 3 台，排涝流量 45 m³/s。6 月 26 日降雨前，提前关闭运东大包围口门，预降圩内水位至 3.33 m；降雨期间，无锡南门站水位控制在 3.72 m 至 3.81 m 之间；运河沿线最多时开机 2 台，排涝流量 30 m³/s（利民桥2 台机泵）。

（4）流域区域骨干工程

调度运用蠡河节制闸。6 月 17 日 3 时，运河无锡（大）站水位 4.76 m，开启蠡河节制闸，向望虞河宣泄苏南运河洪水，减缓运河水位上涨势头。18 日 10 时，运河无锡（大）站水位降至 4.78 m，关闭蠡河节制闸，常熟枢纽全力抽排望虞河沿线及锡东地区的涝水，望虞河水位快速下降，缓解了锡山、新区的防汛压力。

关闭新闸、钟楼闸。6 月 16 日 23 时，关闭常州新闸防洪控制工程，有效减轻了常州市区防洪压力。6 月 27 日 14 时，运河常州钟楼闸水位上涨至 6.08 m，钟楼防洪控制工程实施关闭；6 月 30 日 11 时，钟楼闸开闸泄洪，持续挡洪 68 h，有效地控制了苏南运河下泄流量，为常州地区防洪减灾发挥了重要作用。

2.5.2.2　2016 年流域特大洪水

1. 洪水情况

受超强厄尔尼诺影响，2016 年 4 月以来太湖流域降雨持续偏多，特别是入梅以后降雨集中，导致太湖及区域河网水位迅速上涨，太湖最高水位达 4.87 m，为仅次于 1999 年的历史第二高水位，流域发生特大洪水，北部地区多地水位屡创历史新高。

汛期（5—9 月）流域降水量为 1 087.8 mm，较常年同期偏多 50%，位列自 1951 年以来的第 3 位。4 月至入梅前（6 月 18 日），流域降雨量为 517.3 mm，较常年同期偏多 77.3%；至 7 月 8 日太湖达到最高水位，流域降雨量为 870.5 mm，较常年同期偏多 90%，尤其是太湖湖区降雨量达 971.7 mm，为常年同期的 2.2 倍。

太湖流域 6 月 19 日入梅，7 月 20 日出梅，梅雨期 31 天，较常年同期多 6 天，流域梅雨量为 412.0 mm,较常年同期偏多 71%,位列自 1954 年以来的第 6 位。空间上,降雨主要集中在流域北部区域,武澄锡虞区雨量达 547.8 mm,为常年同期的 2 倍以上。受长江洪水来水偏多影响,4 月以来太湖流域沿江潮位持续偏高,镇江站出现 8.58 m 的历史第二高潮位。在持续降雨及沿江高潮位的共同影响下,太湖以 3.77 m(6 月 19 日)的高水位入梅。受强降雨影响,入梅后太湖水位迅速上涨,7 月 6 日太湖水位涨至 4.80 m,流域发生特大洪水;7 月 8 日,太湖出现年最高水位 4.87 m,仅比 1999 年历史最高水位低 0.10 m,较入梅日上涨 1.1 m。太湖水位达到或超过保证水位(4.65 m)天数共计 16 天,达到或超过警戒水位(3.80 m)天数共计 46 天。

对于武澄锡虞区,常州市梅雨期遭受三轮区域性暴雨袭击(6 月 21—22 日、6 月 27—29 日、7 月 1—3 日),其中第三轮强降雨持续时间长、分布广、雨区重叠,常州梅雨量为 656.7 mm,是常年同期的 2.8 倍,仅次于 1991 年,为历史第 2 位。入梅前降雨偏多导致片区高水位入梅,入梅后三轮强降雨来袭使河湖水位大幅上涨,另外镇江和南京市高淳区降雨量较大,上游客水洪峰(苏南运河九里站最大实测流量为 382 m³/s,为有记录以来第 2 位)与本地排涝涝水洪峰叠加,洪水、涝水争道,导致部分水位超警,常州(钟楼闸上)最高水位为 6.29 m,常州(钟楼闸下)最高水位为 5.75 m。无锡市入汛后 5 月、6 月、7 月面雨量分别比常年同期多 89.9%、78.0% 和 72.1%。6 月 19 日无锡市入梅,较常年同期偏晚 4 天;7 月 20 日出梅,较常年同期晚 9 天;梅雨期 32 天,较常年同期多 6 天,梅雨期总的特点是入梅迟、出梅偏晚、梅雨期偏长、梅雨量多。受连续降雨影响,无锡市各地河网水位持续上涨,导致运河及地区水位普遍超警,运河沿线洛社站最高水位为 5.37 m,无锡(大)站最高水位为 5.28 m,锡澄运河青阳站最高水位为 5.34 m。

受强降雨影响,4 月以来地区河网水位持续偏高。梅雨期河网水位大范围超警,超警时间大多在 20 天以上,湖西区、武澄锡虞区和苏南运河沿线无锡(大)、洛社、苏州(枫桥)等 10 余个站点达到或超过历史最高水位,其中湖西区王母观站 4 次刷新历史记录,运河沿线无锡(大)站、锡澄运河青阳站最高水位创历史新高,分别为 5.28 m、5.34 m,较历史最高水位(2015 年 6 月 17 日)分别高出 0.10 m、0.01 m,见表 2-3。

表 2-3　2016 年太湖及河网代表站年最高水位情况　　　　　　　　　单位:m

序号	类别	站名	2016 年最高水位	发生时间	警戒水位/保证水位	2016 年以前历史最高水位	超历史
1	太湖	太湖*	4.87	7 月 9 日	3.80/4.66	4.97	—
2	运河沿线	丹阳	6.97	7 月 5 日	5.60/7.20	7.14	—
3		常州(钟楼闸上)*	6.29	7 月 5 日	4.30/4.80	6.43	—
4		常州(钟楼闸下)*	5.75	7 月 3 日	4.30/4.80	6.08	—
5		无锡(大)*	5.28	7 月 3 日	3.90/4.53	5.18	0.10
6		洛社*	5.37	7 月 3 日	4.00/4.85	5.36	0.01
7		苏州(枫桥)	4.82	7 月 2 日	3.80/4.20	4.58	0.24

序号	类别	站名	2016年最高水位	发生时间	警戒水位/保证水位	2016年以前历史最高水位	超历史
8	望虞河	琳桥*	4.71	7月3日	3.80/4.20	4.68	0.03
9		望亭立交（闸上）*	4.85	7月11日	3.80/4.20	—	—
10		望亭立交（闸下）*	4.78	7月5日	3.80/4.20	—	—
11	湖西区	金坛	6.65	7月5日	5.00/6.00	6.54	0.11
12		王母观	6.55	7月5日	4.60/5.60	6.12	0.43
13		坊前	5.80	7月6日	4.00/4.50	5.43	0.37
14	武澄锡虞区	青阳*	5.34	7月3日	4.00/4.85	5.33	0.01
15		陈墅*	5.04	7月3日	3.90/4.50	5.52	—
16	阳澄淀泖区	湘城	4.02	7月3日	3.70/4.00	4.31	—
17		陈墓	3.84	7月4日	3.60/4.00	4.24	—
18	重点城市	常州（钟楼闸上）*	6.29	7月5日	4.30/4.80	6.43	—
19		无锡（大）*	5.28	7月3日	3.90/4.53	5.18	0.10
20		苏州（枫桥）	4.82	7月2日	3.80/4.20	4.58	0.24

注：标 * 号的为武澄锡虞区相关站点。

2. 应对实践

（1）沿江口门

沿江口门即执行"高潮挡、低潮排"调度方案。沿江水闸泵站提前抢排，预降河网水位，腾出有效库容，全力迎战梅雨期强降雨。常州市梅雨期沿江水利工程向长江排水 3.2 亿 m^3。无锡市于 6 月 14 日提前启用白屈港、新夏港泵站强力排涝，据统计，自 6 月 14 日起至 7 月 25 日两站累计排涝 7 669 台时，总排涝量 4.99 亿 m^3；沿江水闸也于汛前提前开始两潮抢排，闸排总量达 8.17 亿 m^3。

（2）环太湖口门

常州市于 6 月 3 日开启沿太湖武进港闸、雅浦港闸，向太湖排水。梅雨期常州市沿太湖武进港闸、雅浦港闸等向太湖排水 3.5 亿 m^3。

（3）城市防洪大包围工程

常州市于 6 月 22 日启用运北片城市防洪大包围工程，梅雨期运北片城市防洪大包围排水 0.88 亿 m^3；城市防洪排涝二级泵站排涝 0.21 亿 m^3。

无锡市科学调度城市大包围工程，在确保城市防汛安全的前提下，合理安排开机台数及排水方向，减轻苏南运河沿线及周边地区防汛压力。大包围最多时仅开机 12 台，最大外排流量不超过 180 m^3/s，仅为外排能力的 44%。高水位期间，苏南运河沿线泵站开机不超过 2 台，排涝流量不超过 30 m^3/s。

（4）流域区域骨干工程

统筹调度钟楼闸等骨干水利工程，化解了洪水风险，减轻了防洪压力。现有调度方案中,钟楼闸启用水位为无锡(大)站水位达到4.60 m或常州(三)站水位达5.30 m。但2016年实际调度中无锡(大)站水位为5.06 m时才关闭钟楼闸,对无锡有一定影响。

2.5.2.3 2020年太湖超标洪水

1. 洪水情况

2020年,太湖流域年降水量较常年同期偏多27%,空间上总体呈南部大于北部的特点,时程上7月降雨量位列历史同期第一位。太湖流域6月9日入梅,7月21日出梅,梅雨期42天,较常年同期偏多17天;梅雨量613.0 mm,为常年同期的2.54倍,位列历史第三位;流域最大30日降水量位列自1951年以来的第二位,其中太湖区、杭嘉湖区、浙西区位列自1951年以来的第二位,其他分区均位列自1951年以来的前五位。入梅后受持续降水影响,太湖水位迅速上涨,太湖流域发生流域性大洪水,7月20日涨至年最高水位4.79 m,与1991年并列为自1954年有实测资料以来第三高水位。至8月14日水位降至3.80 m以下,太湖持续超警48天、超保9天。流域性大洪水期间,地区河网水位全面超警超保,汛期共有78个河道、闸坝站水位超警(其中55个站点水位超保),杭嘉湖区嘉兴站连续53天超警、19天超保。

武澄锡虞区梅雨期有一次较大洪水涨落过程,代表站水位全年多次超警,见表2-4。其中,常州(三)站于7月17日出现全年最高水位,为5.25 m;无锡(大)、青阳、陈墅3个地区代表站均于7月20日出现全年最高水位,分别为5.05 m、4.98 m、4.80 m。

表2-4 2020年武澄锡虞区汛期最高水位情况 单位:m

序号	河名	站名	警戒水位/保证水位	汛期最高水位	发生日期
1	大运河	常州(三)	4.30/4.80	5.25	7月17日
2		无锡(大)	3.90/4.53	5.05	7月20日
3		洛社	4.00/4.85	4.96	7月20日
4	锡澄运河	青阳	4.00/4.85	4.98	7月20日
5	陈墅塘	陈墅	3.90/4.50	4.80	7月20日

2. 应对实践

(1) 沿江口门

常州市提前控制沿江口门,6月13日即执行高挡低排,并于6月15日开始,持续动力北排。沿江魏村水利枢纽泵站于6月15—18日开机排水,6月28日开机后持续排水,至7月21日,共开机28天,累计排水1.064亿 m³;澡港枢纽泵站于6月15—19日开机排水,6月28日开机后持续排水,至7月21日,共开机29天,累计排水1.187亿 m³。

无锡市同时启动沿江、圩区闸泵工程,提前预降预排。6月15日前无锡水位控制在3.60 m以下(最低水位3.37 m)。6月28日起,无锡市沿江闸泵联合全力排水,白屈港、新夏港泵站8台机组145 m³/s 24小时不间断运行41天,沿江水闸趁低潮开闸抢排。据统计,梅雨期无锡市沿江闸站累计排水6.96亿 m³/s,新沟河江边枢纽累计排水4.64亿 m³/s,为有效降低锡澄河网水位发挥了至关重要的作用。

（2）环太湖口门

常州市灵活调度武进港、雅浦港太湖口门，根据省防指调度指令，前后4次调度环太湖口门泄洪，武进港、雅浦港于6月15—17日、6月28日—7月2日、7月5—8日、7月15—22日开闸向太湖排水1.120 9亿 m^3。其间太湖水位高于内河水位时，关闸挡洪，7月27日省防指调度环湖口门关闭。

无锡市严格控制环太湖入湖口门启闭。汛期三次开启直湖港闸向太湖泄洪，分别是7月15—16日（无锡水位4.70～4.55 m）、7月17日（无锡水位4.83～4.71 m）和7月20—21日（无锡水位4.99～4.82 m），有效遏制了苏南运河水位上涨趋势，无锡站最高水位未超2015—2017年历史最高水位。同时，适时开启犊山七号桥节制闸，有控制地向苏南运河泄太湖水，为加快太湖水位的降低发挥了一定作用。据统计，梅雨期无锡市直湖港闸入湖水量1 340万 m^3，犊山枢纽（含梅梁湖、大渲河泵站）出湖水量3 982万 m^3，出湖水量为入湖水量的2.97倍。

（3）城市防洪大包围工程

常州市两度启动城市防洪大包围工程，有效保障城区防汛安全。运行期间，为减缓苏南运河行洪压力，在城区河道水情压力缓解的同时，对大运河东枢纽、南运河枢纽等5座运河沿线水利工程及时停机，全力调度澡港河南枢纽、北塘河枢纽等工程北排包围圈涝水；运北片大包围于7月29日13时停止运行，节点工程恢复常态调度。

无锡市适时调整运东大包围调度，减轻苏南运河防汛压力，减少望虞河行洪。6月24日起运河无锡（大）站水位上涨至3.80 m，控制运河沿线江尖、仙蠡桥、利民桥3座泵站排水，运东大包围排水方向调整为北排和东排。7月21日起停止伯渎港、九里河枢纽泵站运行，运东大包围排水方向由东排望虞河调整为以严埭港枢纽泵站北排长江为主。据统计，梅雨期运东大包围排入苏南运河水量2 644万 m^3、东排水量2 160万 m^3，分别占总外排水量的27.8%、22.7%。同时，合理运用运东大包围，平衡圩内、圩外洪涝风险，圩内无锡南门站水位控制在3.95 m以下，利用仙蠡桥枢纽闸、泵、涵联合调度，预降梁溪河水位，避免了梁溪河片区因洪致涝。

（4）流域区域骨干工程

常州市为进一步做好武南区域防洪排涝工作，7月9日经请示省防指，启用新沟河遥观南北枢纽接力北排涝水入江，进一步挖掘工程排水潜力，尽力降低武南地区河网水位，7月27日省防指调度停止新沟河遥观南北枢纽机组运行。

无锡市根据汛情发展，及时提请省防指加大新沟河、望虞河向长江排水力度，累计排水15.59亿 m^3，有效控制区域水位高涨；提请省防指开启蠡河节制闸向望虞河错峰行洪，启用钟楼闸减少上游来水，减轻锡澄地区防汛压力。

2.5.2.4 实践经验与启示

1. 合理运用沿长江、环太湖控制工程，分泄区域洪水

武澄锡虞区现有几条控制线中，以沿江控制线排水能力最强，且次生风险最小。因此，可进一步优化沿江水利工程调度，挖掘沿江排水潜力。在预报有大范围高强度长历时降雨时，通过"高潮挡潮、低潮抢排"预降预排河道水位，低潮位时沿江所有水闸全力排水，降低内河水位，增加河网调蓄空间。当降雨来临时，在确保工程安全的前提下，尽可能开

启沿江泵站全力排水。综合考虑地区防洪安全和太湖水生态环境保护要求,在确保区域防汛安全的前提下,严格控制向太湖泄洪;如遇超标准洪水,适时启用环太湖口门,分泄区域洪涝水。

2. 加强苏南运河沿线统一调度,错时错峰泄水

近年来,由于苏南运河沿线苏州、无锡、常州等城市大包围工程陆续建成,排涝动力显著增强,以及部分原有排涝通道受阻等原因,一直以航运为主要任务的运河两岸排水量加大,运河渐渐成为两岸地区的主要排涝通道。一旦遭遇强降雨,两岸集中排水会造成运河水位快速上涨,给江南运河沿线区域及上下游各大城市防洪排涝带来巨大的压力。因此,在应对大范围高强度长历时降雨时,要把苏南地区作为一个整体统一调度,充分运用沿运河、沿长江工程,提前预降苏南运河及周边地区河网水位,为迎战强降雨做好准备。此外,2015 年、2016 年应对实践表明,关闭苏南运河上的钟楼闸、经蠡河节制闸向望虞河行洪等措施联合运用,可在一定程度上控制苏南运河下泄流量,为下游洪水错峰行洪提供有利条件,降低下游防汛压力。因此,要加强运河沿线钟楼闸、蠡河船闸等节点工程的调度研究,合理发挥工程拦洪、分洪作用。

3. 统筹城市、圩区与区域调度,有序排泄洪涝水

2016 年洪水期间,区域上游客水洪峰与本地排涝涝水洪峰叠加,洪水、涝水争道,导致部分水位超警。因此,要正确处理城市防洪工程与区域防洪之间的关系:在预报有强降雨时,城市大包围工程可提前预排,降低城市内河水位,腾出蓄水容积;在确保城市防汛安全的前提下,合理控制城市大包围开机台数和排水方向,减轻对周边地区防洪压力。科学调度城市大包围以外的圩区,合理设置调控水位,发挥圩区调蓄作用,减少圩外主干河道的防汛压力。

2.6 小结

本章系统梳理了武澄锡虞区河湖水系特征、水文情势特征、防洪除涝格局、水利工程建设及调度运用情况,总结了区域历史洪涝灾害情况,并针对近年米典型洪水应对实践进行了深入分析,凝练提出了武澄锡虞区防洪除涝应关注的三个要点:一是合理运用沿长江、环太湖控制工程,分泄区域洪水;二是加强苏南运河沿线统一调度,错时错峰泄水;三是统筹城市、圩区与区域调度,有序排泄洪涝水。

3 | 武澄锡虞区防洪除涝安全保障需求及形势分析

3.1 区域防洪除涝薄弱环节分析

3.1.1 区域洪涝治理历程

武澄锡虞区是太湖北部的低洼平原区[24],地势总体呈四周高、腹部低的"锅底"形态[35]。本地区除受西侧澄西高地洪水的侵袭外,区域内部武澄锡低片易受东部澄锡虞高片洪水倒灌,北部及南侧又分别受长江洪潮和太湖高水的影响,境内洪涝灾害频繁。1949年以后,伴随着全省多轮治水高潮,区域内开展了大规模的水利建设,20世纪50年代实施联圩并圩,整治通江、入湖河道,修建沿江控制建筑物,加高加固长江堤防;60年代以提高圩区配套和发展机电排灌为重点;70年代大搞农田基本建设,实行山水田林路全面规划、综合治理;80年代地区治理开始起步,农田水利建设向高标准、高技术方向发展,水利工程的实施在一定程度上提高了抗御水旱灾害的能力[36]。但由于太湖流域长期缺乏统一规划,以及各方面认识不一致,流域治理徘徊不前,洪涝灾害仍然严重[37]。20世纪50年代原水电部批复的《江苏省太湖地区水利规划要点》提出江苏省太湖地区以锡澄运河为界,分为湖东区和湖西区分区治理,分级排水,望虞河规划泄洪、除涝相结合,主要排泄澄锡虞地区涝水。1987年,原国家计划委员会批复的《太湖流域综合治理总体规划方案》针对望虞河功能定位的改变,结合区域地形、水系特点将锡澄虞地区划分为高低两片,同时将原属湖西区的德胜港、武宜公路一线以东至锡澄运河的武阴片和白屈港控制线以西至锡澄运河的澄锡低片,作为武澄锡低洼地区单独处理其引排,并规划实施武澄锡引排工程。1991年江淮大水之后,国务院作出了《关于进一步治理淮河和太湖的决定》,开启了一轮治太工程的全面建设,十项治太骨干工程陆续开工,武澄锡虞区加高加固了长江堤防,并修建了澡港河、新沟河至张家港、二干河等沿江控制性工程,消除了长江洪水、潮水倒灌对本区域的影响;沿太湖修建了环太湖大堤,在梁溪河、曹王泾等主要出入湖口门兴建了控制建筑物,确保了本区域免受外部洪水的威胁,区域内部实施了武澄锡引排工程,使武澄锡虞区整体防洪除涝能力有了较大程度的提高。

至21世纪初,治太骨干工程基本建成,武澄锡虞区基本形成了沿长江控制线、沿太湖控制线、武澄锡西控制线防止外洪入侵和区域内部防止高片水入侵低片的白屈港控制线屏障,极大地改善了人民生活、生产条件,有力地保障和促进了经济社会发展。但是,随着经济社会的快速发展,人们对区域水利治理提出了更高要求,加之一轮治太中的新沟河工程等未完全建成,区域总体防洪标准仍然不足 20 年一遇。自 1998 年开始,全国启动新一轮防洪规划工作,根据《全国防洪规划任务书》和《太湖流域防洪规划工作大纲》的要求,江苏省组织编制形成《江苏省防洪规划》成果统一纳入了流域规划。2008 年 2 月,国务院批复《太湖流域防洪规划》,对武澄锡虞区规划明确区域外围以完善武澄锡西控制线和白屈港东控制线为主,区域内部以白屈港控制线为界分澄锡虞高片与武澄锡低片分别治理,其中武澄锡低片规划增设新沟河、锡澄运河、梁溪河泵站,整治新沟河和曹王泾等入江、入湖河道,使地区最高洪水位基本达到控制目标,在保证防洪利益的同时,为流域防洪和改善地区及梅梁湖水环境创造一定条件;澄锡虞高片在维持现状河道规模的情况下,主要加强对低洼圩区的建设。工程建设后,可大大缓解地区洪水威胁;通过防洪工程的建设,在合理调度下,增加长江清水的引入和河道水体的流动,提高河道的自净能力,为改善地区水环境、提高航运保证率和促进工农业生产创造有利条件。

2007 年无锡供水危机后,为加快推进太湖水污染防治,加大调水引流力度,新一轮太湖治理组织实施了走马塘、新沟河拓浚延伸等骨干工程,为武澄锡虞区引排调度提供了良好的基础,同时提高了流域、区域防洪能力。

苏南运河虽是区域骨干排水通道,但作为航道,其升级改造一直由航运部门负责实施。2014 年,苏南运河"四改三"航道整治工程全面完成[38],航道宽度和水深持续增加,河道过水断面相应增加,为区域洪涝水下泄创造了有利条件。

为提高城市防洪自保能力,自 2003 年开始,区域内无锡、常州等市县加快推进城市防洪工程建设。无锡市实施了运东片仙蠡桥、江尖、寺头港、九里河、伯渎港、严埭港、北兴塘、利民桥 8 个枢纽控制工程和城区骨干河道综合整治工程,形成了城市防洪大包围;常州城市大包围运北片节点枢纽工程也已建成,主要包括大运河东枢纽、串新河枢纽、南运河枢纽、采菱港枢纽、大运河西枢纽、澡港河南枢纽等工程。经多年治理,区域内建成各类大小圩区 391 座,总面积 237.6 万亩,其中万亩以上圩区防洪标准基本达到 50 年一遇;无锡市和常州市等城市中心区已达到国家规定的 200 年一遇防洪标准。

目前,武澄锡虞区基本形成了"北排长江、南排太湖、东排望虞河、沿运河下泄"的骨干防洪体系框架,建成了以依托流域骨干工程为主体,由区域骨干河道和平原区各类闸站等工程组成的防洪保安工程体系,区域现状防洪能力已基本达到 30 年一遇标准,并向 50 年一遇的防洪标准迈进。

3.1.2 区域防洪除涝薄弱环节

1. 区域治理进程与城镇化快速发展需求不相适应

武澄锡引排工程在 1991 年大水后相继得到实施,受投资体制和机制的限制,其标准低,岸坡整治工程安排较少且多为硬质护岸;区域内其他河道治理由当地水利部门和企事业单位筹资建设,受财力安排限制,质量参差不齐。白屈港、澡港河等区域骨干河道经近20 年运行出现了河岸坍塌、河段淤积等现象,与其区域性骨干河道地位及其作用不相适应,与苏南现代化示范区和水生态文明建设的要求不相协调,区域外排能力严重不足。而随着城市发展速度快,城市规模不断扩张,经济社会发展对城市防洪保护对象的设防要求提出了更高要求,无锡、常州等城市大包围相继建成,区域内部尤其是苏南运河沿线排涝动力急剧增加,加上圩区建设带来圩内涝水归槽速度加快,从而导致区域河网水位上涨迅速,骨干河道行洪压力进一步增加。

2. 区域内部工程调度统筹协调不够

区域内闸泵众多,统筹协调难度较大,汛期城市和圩区集中排水导致外河水位在汛期迅速抬升,不仅威胁自身堤防安全,同时加重了外河的排水压力,2016 年强降雨期间就因洪水、涝水争道而引发了部分站点水位超警。此外,运河沿线地区相对低洼,近年汛期运河高水位运行成为常态。2015 年、2016 年强降雨期间钟楼闸按流域、区域防洪要求关闸,缓解运河下泄压力。但受钟楼闸关闸影响,运河上游来水下排受阻壅高。2015 年钟楼闸闸上最高水位达 6.43 m,2016 年达到 6.29 m,导致闸上游沿线钟楼区、武进区和新北区的部分高片原不设防地区(地面高程一般为 6.0~6.4 m)出现漫堤、内涝等新情况,受淹严重,经济损失大。

3. 运河以南地区洪涝矛盾突出

特殊的地理位置和地形条件决定武澄锡虞区洪涝外排方向主要有南排太湖、东排望虞河和北排长江。目前,为保护太湖水源,太湖沿线水闸大部分时间关闸挡污,区域南排入太湖在一定程度上受阻,对于运河以南地区的影响尤为明显。以无锡市区为例,由于其位于区域的最南端,外排长江因线路长,对降低无锡市区河网洪水位的作用有限。但 2007 年无锡供水危机后,为保护太湖尤其是梅梁湖湖湾水环境,入湖口门实行严格控制,造成无锡市尤其是运南片南排出路受阻,雨水只能通过内部河道排向苏南运河,受运河高水位顶托,靠自流排向运河的雨水严重受阻,甚至出现倒灌现象,滨湖区锡南片等苏南运河及太湖沿线地区成为新的易涝区域。

4. 城市内涝风险增加

水利规划滞后于城镇化进程,导致市政建设、地块开发过程中与河争地现象仍然存在。一部分河道由于小区、商业、道路等建设的用地需要,直接被阻断、填埋,造成区域内断头浜众多,水系连通性差,而多数低洼地正分布在这些断头浜附近,极易形成涝患。另一部分河道虽未被填埋,但道路建设时建成箱涵或改成地下暗河,或为创建自由调控水面营造水景,将骨干排水河道部分河段现有水面设控,另辟箱涵沟通河道。加之,河道过水能力不足,对暴雨的可调蓄容量下降,从而造成城市内涝风险增加。

3.2 区域防洪除涝情势变化分析

经过持续治理,目前,武澄锡虞区已经形成了以流域骨干工程为主体,由平原骨干河道和平原区各类闸站等工程组成的防洪工程体系。区域内部建成白屈港控制线防止高片洪水入侵低片,无锡市、常州市也建成了各自的城市防洪工程,区域防洪除涝能力得到提升。武澄锡虞区初步形成了"北排长江、南排太湖、东排望虞河、沿运河下泄"的防洪除涝格局。但是,随着流域和区域治理的不断推进,近年来出现一些新情况和变化,导致区域防洪除涝情势发生了较大改变。

3.2.1 流域-区域-城市-圩区防洪除涝标准变化分析

1. 不同层级防洪标准

武澄锡虞区防洪治涝体系在流域防洪框架下,形成了区域防洪、城市防洪、圩区防洪不同层级,根据水利工程条件、防洪保护对象的重要性等,均有各自不同的防洪除涝标准。

(1) 流域层级

太湖流域洪水的防御对象是由长历时、覆盖范围大的流域性降雨所形成的大范围洪水,其主要标志为太湖出现高水位。流域防洪体系是区域和城市防洪的基础。从洪水调控的角度来看,在遭遇流域性强降雨的情况下,上游湖西区、浙西区大部分及湖区全部洪涝水经由太湖调蓄,通过北排长江、东出黄浦江、南排杭州湾等通江入海。而下游武澄锡虞区、阳澄淀泖区、杭嘉湖区以及浦东浦西区洪水通过各自区域性及流域性河道外排。《太湖流域防洪规划》提出近期(2015 年)流域能防御不同降雨典型的 50 年一遇洪水("54 实况"、"91 北部"、"91 上游"和"99 南部"共 4 种雨型),重点工程建设与防御流域100 年一遇洪水的标准相衔接。从 2016 年太湖流域超标准洪水应对情况来看,太湖流域已基本具备防御 50 年一遇洪水的能力,但也面临着洪水出路不足、河道行洪能力和外排闸泵不匹配等问题。目前,流域防洪标准正处于向远期(2025 年)防御 100 年一遇洪水的标准过渡阶段。

(2) 区域层级

区域防洪主要以地区性暴雨为防御对象,并与流域防洪的要求相协调,其防洪一般需要在流域性防洪工程基础上补充必要的工程措施,主要包括区域性骨干排水河道疏浚和圩区建设等。对于武澄锡虞区,2005 年左右区域防洪标准不足 20 年一遇。《太湖流域防洪规划》提出,武澄锡虞区近期(2015 年)区域防洪标准为 20 年一遇,并向 50 年一遇过渡,除涝标准为 20 年一遇;远期(2025 年)区域防洪标准达到 50 年一遇。依据《太湖流域防洪规划中期评估报告》(评估基准 2016 年)对武澄锡虞区区域防洪工程实施期情况的评估,武澄锡虞区现状防洪能力基本达到 20 年一遇,但难以全面防御不同降雨典型的 20 年一遇洪水。依据《无锡市"十四五"水利发展规划》《常州市"十四五"水利发展规划》,2020 年武澄锡虞区区域现状防洪能力已达到 30 年一遇标准,并向 50 年一遇的防洪标准迈进。

(3) 城市层级

2005 年左右常州市城区现状防洪能力约为 20~50 年一遇,无锡市市区现状防洪能力约为 20~100 年一遇。《太湖流域防洪规划》提出,常州市近期(2015 年)规划保护面积292 km²,其中城市中心区防洪标准为 200 年一遇,其他城区为 100 年一遇,除涝标准为20 年一遇;无锡市近期(2015 年)规划防洪保护区面积 570 km²,城市中心区面积156 km²,防洪标准为 200 年一遇;其他城区防洪标准为 50~100 年一遇,除涝标准为20 年一遇。依据《太湖流域防洪规划中期评估报告》(评估基准 2016 年)、《常州市城市防洪规划(2017—2035 年)》(基准年 2016 年)、《无锡市城市防洪规划报告(2017—2035 年)》(基准年 2016 年)对常州市、无锡市防洪能力现状的分析评估,认为常州市运北大包围防洪标准基本达到 200 年一遇,排涝标准基本达到 20 年一遇,湖塘片防洪标准达到 100 年一遇;无锡市运东大包围防洪标准基本达到 200 年一遇,排涝能力基本达到 20 年一遇标准;运西片城区防洪标准基本达到 50~200 年一遇,其中山北北圩、山北联圩、盛岸联圩防洪标准达到 200 年一遇,太湖新城片、马圩防洪标准为 50 年一遇,其他分散的圩区依托区域治理,现状防洪标准基本达到 20 年一遇。依据《无锡市"十四五"水利发展规划》,2020 年无锡市运东大包围区域、山北北圩、山北南圩、盛岸联圩基本达到 200 年一遇,太湖新城基本达到 100 年一遇,锡东新城基本达到 100 年一遇,惠山新城基本达到 100 年一遇,蠡湖新城达到 50~100 年一遇,无锡新区达到 50~100 年一遇,江阴主城区达到 30~50 年一遇;依据《常州市"十三五"水利发展规划》《常州市"十四五"水利发展规划》,现状常州中心城区运北片城市防洪标准基本达到 200 年一遇,中心城区除运北片以外的建成区达到 50~100 年一遇,排涝能力基本达到 20 年一遇。

(4)圩区层级

武澄锡虞区地势低洼处主要通过兴建圩区和城市大包围工程进行防洪,圩内地面高程一般在 4.5~5.0 m 及以下,圩外为高地和半高地。根据各市圩区达标建设标准,无锡市万亩以上圩区堤顶高程达标要求均不低于 6.0 m,常州市千亩以上圩区堤顶高程不低于 7.2 m。圩区防洪排涝标准一般为防洪标准 50 年一遇、排涝标准 20 年一遇。

2. 防洪标准变化同步性分析

依据《常州市"十四五"水利发展规划》,到 2025 年区域防洪标准逐步向 50 年一遇过渡,区域骨干工程按照防御 50 年一遇洪水标准建设,山丘区按照 20 年一遇防洪标准建设,除涝标准达到 10~20 年一遇;常州市城市防洪运北片防洪标准达到 200 年一遇,其他地区按 100 年一遇建设,除涝标准按 20 年一遇建设;圩区堤防按照防御 50 年一遇洪水标准建设,除涝标准达到 10~20 年一遇。依据《常州市城市防洪规划(2017—2035 年)》,常州城市防洪规划范围总面积约 728 km²,中心城区运北片规划(2035 年)防洪标准为 200 年一遇;湖塘片、潞横草塘片、采菱东南片、沿江圩区为 100 年一遇;西太湖片近期(2020 年)50 年一遇,远期(2035 年)100 年一遇;规划范围内的其他地区(新港新龙、空港、武南地区)均为 100 年一遇。城市排涝标准总体确定为 20 年一遇,其中城市河道及排涝泵站的建设或改造,应满足遭遇 20 年一遇最大 24 小时降雨时确保在涝水排除 24 小时内河道内涝水位不超过最高控制水位的要求。

依据《无锡市"十四五"水利发展规划》,到 2025 年区域骨干工程及圩区堤防按照防御 50 年一遇洪水标准建设,河道除涝按照 20 年一遇标准建设;运东大包围、太湖新城、惠南片山北北圩、山北南圩及盛岸联圩按 200 年一遇建设,锡东新城、惠山新城、无锡新区环鸿东路以西、梁溪片、马圩按 100 年一遇建设,其他地区按 50 年一遇建设,山洪防治为 20 年一遇,河道除涝按照 20 年一遇标准建设。依据《无锡市城市防洪规划报告(2017—2035 年)》,无锡城市规划范围总面积约 1 294 km²,中心城区运东大包围、太湖新城片以及惠南片的山北北圩、山北南圩、盛岸联圩规划(2035 年)防洪标准为 200 年一遇,锡北片惠山新城、锡东片锡东新城、新区片环鸿东路以西、梁溪河片、马山片马圩防洪标准为 100 年一遇,其余地区为 50 年一遇,山洪防治为 20 年一遇。无锡市区排涝标准总体应达到 20 年一遇。其中,城市和重要集镇防洪包围圈内河道排涝标准,满足遭遇 20 年一遇最大 24 小时降雨时不超过最高控制水位要求,相应外排泵站达到 20 年一遇标准;以农业为主的圩区排涝,满足 20 年一遇最大 24 小时降雨雨后一天排出不受涝的要求。

分析发现,武澄锡虞区 2005 年防洪能力不足 20 年一遇,2016 年基本达到 20 年一遇,2020 年已达到 30 年一遇标准,并逐步向 50 年一遇的防洪标准迈进,区域防洪标准及要求在不断提高。在防洪大包围建成之前,常州市、无锡市防洪基本依托流域和区域防洪工程,故防洪标准普遍较低,2005 年常州城区为 20~50 年一遇、无锡城区为 20~100 年一遇;2016 年常州市运北大包围达到 200 年一遇、湖塘片达到 100 年一遇,无锡市运东大包围达到 200 年一遇、运西片城区达到 50~200 年一遇;常州市、无锡市规划(2035 年)中心城区防洪标准均为 200 年一遇、其他片区防洪标准主要为 100 年一遇。因此,城市防洪标准及要求在不断提高。但是,不同层级防洪除涝标准的提高程度并不同步,其中,城市防洪标准提高最快,在各城市防洪大包围建成之后,现状城市防洪标准已经远远超过了流域和区域防洪标准。此外,大量县(市)和城镇防洪标准也已提高,圩区规模继续扩大,标准也得到提高。

武澄锡虞区及其各重点城市现状和规划防洪标准分别见表 3-1,表 3-2;常州市、无锡市各防洪分区规划防洪标准分别见表 3-3、表 3-4。

表 3-1　武澄锡虞区现状及规划防洪标准

防洪特征	武澄锡虞区	备注
主要洪涝灾害威胁	流域洪水、本地暴雨、长江洪潮	
防洪保护区面积	2 800 km²	
2005 年防洪能力	不足 20 年一遇	
规划(2015 年)防洪标准	20~50 年一遇	《太湖流域防洪规划》
远期(2025 年)防洪标准	50 年一遇	《太湖流域防洪规划》
2016 年防洪标准	基本达到 20 年一遇,但难以全面防御不同降雨典型的 20 年一遇洪水	《太湖流域防洪规划中期评估报告》
2020 年防洪标准	30~50 年一遇	《无锡市"十四五"水利发展规划》

表 3-2　武澄锡虞区各重点城市现状和规划防洪标准

防洪特征	常州	无锡	备注
主要洪涝灾害威胁	太湖、长江洪水,湖西上游山区及高片平原来水,本地暴雨	太湖、长江洪水,湖西高片及澄锡虞高片来水,本地暴雨	
2005 年防洪标准	城区 20~50 年一遇	城区 20~100 年一遇	

（续表）

防洪特征	常州	无锡	备注
2016 年防洪标准	运北大包围防洪基本达到 200 年一遇，排涝基本达到 20 年一遇；湖塘片防洪标准达到 100 年一遇	运东大包围防洪标准基本达到 200 年一遇，排涝基本达到 20 年一遇；运西片城区防洪标准基本达到 50～200 年一遇，其中山北北圩、山北联圩、盛岸联圩 200 年一遇，太湖新城片、马圩 50 年一遇，其他 20 年一遇	《太湖流域防洪规划中期评估报告》《常州市城市防洪规划（2017—2035 年）》《无锡市城市防洪规划报告（2017—2035 年）》
2020 年防洪标准	（《常州市"十四五"水利发展规划》未给出现状评价情况）	主城区防洪标准总体达到 200 年一遇，其他市区防洪标准总体达到 50～100 年一遇	《常州市"十四五"水利发展规划》《无锡市"十四五"水利发展规划》
2025 年规划防洪标准	中心城区运北片防洪标准达到 200 年一遇；其他地区按 100 年一遇建设	中心城区运东大包围、太湖新城、惠南片山北北圩、山北南圩及盛岸联圩按 200 年一遇建设，锡东新城、惠山新城、无锡新区环鸿东路以西、梁溪片、马圩按 100 年一遇建设；其他地区按 50 年一遇建设	《常州市"十四五"水利发展规划》《无锡市"十四五"水利发展规划》
2035 年规划防洪标准	中心城区运北片 200 年一遇；其他片区均为 100 年一遇	中心城区运东大包围、太湖新城片、惠南片的山北北圩、山北南圩、盛岸联圩均为 200 年一遇；惠山新城、锡东新城、新区片环鸿东路以西、梁溪河片、马圩防洪标准为 100 年一遇；其余地区为 50 年一遇	《常州市城市防洪规划（2017—2035 年）》《无锡市城市防洪规划报告（2017—2035 年）》

表 3-3　常州市各防洪分区规划防洪标准（2035 年）

序号	防洪分区	防洪标准	备注
1	运北片	200 年一遇	与上一轮规划和已建工程标准衔接，维持已批复的防洪标准
2	湖塘片	100 年一遇	
3	潞横草塘片	100 年一遇	
4	采菱东南片	100 年一遇	
5	西太湖片	近期（2020 年）50 年、远期（2035 年）100 年一遇	综合《防洪标准》（GB 50201—2014）规定和已批复规划确定防洪标准
6	沿江圩区	100 年一遇	
7	其他地区	新港新龙、空港及武南地区均为 100 年一遇	

注：来源于《常州市城市防洪规划（2017—2035 年）》。

表 3-4 无锡市各防洪分区规划防洪标准(2035 年)

分片名		防洪标准	分片名		防洪标准
运东大包围		200 年一遇	惠南片	山北北圩	200 年一遇
惠北片		50 年一遇		山北南圩	
锡北片	惠山新城	100 年一遇		盛岸联圩	
	其他圩区	50 年一遇		其他圩区	50 年一遇
锡东片	锡东新城	100 年一遇		梁溪河片	50 年一遇
	其他圩区	50 年一遇	山洪防治	锡北片、太湖新城片、马山片、惠南片、锡东片	20 年一遇
新区片	环鸿东路以东	50 年一遇			
	环鸿东路以西	100 年一遇			
太湖新城片		200 年一遇			
梁溪河片		100 年一遇			
马山片	马圩	100 年一遇			
	其他圩区	50 年一遇			

注:来源于《无锡市城市防洪规划报告(2017—2035 年)》。

3.2.2 苏南运河防洪除涝情势变化分析

1. 苏南运河治理现状

随着城镇化快速发展,苏南运河沿线重点区域和城市不断提高其自保能力,大量开展了城市防洪工程建设,沿线排涝动力大幅度增强,两岸排水量逐步加大,苏南运河逐渐成为两岸地区的主要行洪排涝通道。在近年洪水期,沿线城市全力排涝,苏南运河水位迅速上涨并居高不下,承受严峻的考验;同时,运河水位的上升加大了流域与区域的防洪压力。

(1)航道整治情况

作为航道,苏南运河的升级改造由航运部门负责,航运部门实施完成了苏南运河常州市区改线工程、苏南运河常州段"四改三"航道整治工程(四级航道改为三级航道)、苏南运河无锡段"四改三"航道整治工程。2003 年 10 月江苏省发展和改革委员会下达《关于京杭运河常州市区段改线工程可行性研究报告(含项目建议书)的批复》,同意实施市区段改线工程,工程全长 26.1 km,永久建筑物按三级航道标准建设;2009 年 7 月至 2011 年 3 月实施了运河常州段"四改三"航道整治工程;2007 年 12 月至 2011 年 11 月实施了运河无锡段"四改三"航道整治工程。航道宽度和水深的持续增加,进一步发挥了航运水运运费低、运量大的优势。航道过水断面的扩大,有利于洪涝水下泄,但从上下游关系分析,上游来水也有所增加。

(2)沿线工程调整建设情况

现状运河沿线城区防洪基本采取分片包围和建设排涝站方案。1991 年无锡、常州城区防洪能力约 50 年一遇标准,常州市内部分区域还只有 20 年一遇。1991 年大水,两市受灾严重,无锡市直接损失超过 34 亿元;常州市直接经济损失 4 亿多元。1991 年汛后,太湖流域一轮治太工程启动,因集中力量实施流域治理 11 项骨干工程,城市防洪暂未提上日程。1999 年大水后,高标准城市防洪规划开始编制,要求中心城区达到 100~200 年一遇标准。无锡、常州纷纷开始城市防洪大包围工程建设,具体包括围堤口门枢纽、泵站以及堤防加固工程等。

按照国家防洪标准要求,无锡市、常州市总体均按 100 年一遇洪水位设防,其中中心城区按 200 年一遇洪水位设防。苏南运河沿线堤防城市防洪包围堤段规划标准为 100~200 年一遇,其他规划标准大多为 50 年一遇,常州市堤顶高程为 5.5~8.0 m,无锡市堤顶高程为 6.0~6.5 m。防洪包围圈内排涝泵站及河道排水能力按照 20 年一遇最大 24 小时暴雨设计,要求内河水位不高于最高控制水位。

无锡市城区分为运河以东的运东大包围、新区片、锡东片、锡北片、惠北片和运河以西的梁溪片、太湖新城片、惠南片和马山片共九片,面积 1 294 km²,目前形成防洪包围圈的主要为运东大包围和太湖新城片。此外,无锡市运河沿线直接排水入运河的圩区还有 4 个,总面积 250.2 km²。无锡市直接排入运河流量共计 340.3 m³/s。常州市城市防洪工程沿运河分为运北片、潞横草塘片、采菱东南片、湖塘片四片,面积 416.1 km²,目前形成防洪包围圈的主要为运北片和湖塘片,此外,常州市运河沿线直接排水入运河的圩区有 14 个,总面积 60.14 km²。常州市直接排入运河流量共计 302.06 m³/s。因此,武澄锡虞区境内苏南运河沿线区域工程直接排入运河流量为 642.36 m³/s,详见表 3-5。

表 3-5　武澄锡虞区苏南运河沿线区域工程外排泵站向运河排水流量统计

行政区	沿线区域	直接排入运河流量(m³/s)
无锡市	运东大包围	218.8
	太湖新城	82.0
	城防工程小计	300.8
	沿线圩区	39.5
	无锡市小计	340.3
常州市	运北片	179
	湖塘片	57.7
	城防工程小计	236.7
	沿线圩区	65.36
	常州市小计	302.06
合　计		642.36

2. 苏南运河洪涝水情变化分析

苏南运河洪水出路主要分为三条路径:一部分洪水经运河干流直接排入长江和钱塘江,一部分洪水经运河两岸交叉河道分流后,间接排入长江和钱塘江;还有一部分洪水进入太浦河,经黄浦江排入长江。受集中性降水影响,近年来苏南运河沿线站点水位陡涨现象十分明显,且涨幅较大,最高水位值频频突破历史记录,洛社段逆流现象频繁,给沿线区域带来巨大防洪压力。

(1) 2015 年洪水期降水水位情况

2015 年,受厄尔尼诺现象的影响,太湖流域北部地区 6 月份以来连续遭遇强降水。镇江、无锡、常州和苏州各地区的水位上涨迅猛,苏南运河出现了超历史水位。其中,洛社站、无锡站的水位分别超历史最高水位 0.35 m 和 0.30 m。苏南运河常州河段入无锡(横林大桥)河段、无锡河段入苏州(五七大桥)河段的最大流量分别达到了 280 m³/s 和 188 m³/s,均为历史最大流量。

在降水最为集中的 6 月份,常州、无锡两站降水量呈递减状态;受 6 月份 3 场集中性降水的影响,沿线常州、无锡两站的水位变化过程也较为类似,两站水位陡涨陡落现象十分明显,产生了 3 个比较明显的水位峰值,分别出现在 6 月 3 日、6 月 17 日、6 月 27 日,水位峰值出现的时间较降水峰值均滞后 1 日。两站水位的最大单日涨幅均超过 1 m 甚至 1.5 m,而后迅速回落。

(2) 2016 年洪水期降水水位情况

2016 年,武澄锡虞区降水持续偏多,苏南运河沿线及周边水位全面超警,无锡站超历史最高水位 0.10 m;洛社站最大流量达 198 m³/s,为历史最大流量。

受太湖高水位及地区降水影响,2016 年常州、无锡两站水位普遍高于 2015 年,且两站的水位过程线在形状上较为类似。5 月上旬—6 月中旬,常州站降水较少,水位涨落幅度较小,无锡站在 6 月 11 日遭受较强降水袭击(日降水量为 84 mm),引起运河无锡站水位在次日突涨(涨幅为 0.38 m),但由于无锡暂停了梅梁湖泵站的调水活动,在一定程度上缓解了运河水位涨幅过快的情况。6 月下旬—7 月初,运河沿线进入集中降水时期,各站水位逐步上涨,7 月 3 日达到峰值,并随着后续降水的减少开始逐日下降。值得注意的是,7 月1—3 日,两站降水量差别并不明显,但常州站的水位涨幅(1.63 m)远高于无锡站水位涨幅(1.00 m),经分析,7 月 2 日 8 时—7 月 3 日 8 时,常州市运北片城市防洪大包围节点工程排水 497 万 m³,城市防洪排涝二级泵站排涝 190 万 m³,加之新建成的溧阳城市防洪大包围的启动运行,迅速抬高了城区外围的河网水位,导致运河常州站水位涨幅过大。

(3) 洛社段逆流情况

近年来,运河沿线洛社段逆流现象频繁,限制了武澄锡虞区腹部平原河网洪水经运河东泄的空间,加剧了运河沿线区域的洪涝风险,增大了沿线地区防洪压力。

洛社站位于无锡市惠山区洛社镇,与常州市相接,地处运河无锡站上游,常年流向为东南方向。由于洛社站位于运河无锡站上游,离无锡城市防洪工程较远,因此 2008 年城市防洪工程建成运行对洛社站影响较为明显。选取 2007 年为临界点,分析洛社站前后流向变化可以发现,2008 年开始洛社站开始频现逆流(含顺逆不定)现象,逆流天数不断增加,2011—2013 年洛社站逆流天数均增加至 120 天,全年约有 1/3 的天数出现逆流,2014 年为 112 天,2015 年为 117 年,2016 年为 97 天。分析其原因,2007 年以前,运河无锡段常年以顺流为主,遇台风或局部大暴雨时产生短时逆流;2007 年之后,由于梅梁湖泵站、大渲河泵站持续通过梁溪河向苏南运河调水,同时无锡城市防洪工程开始运行,有部分水量通过江尖、仙蠡桥、利民桥枢纽泵站进入苏南运河,抬高了苏南运河水位,导致洛社站出现逆流天数较多。一方面,为改善梅梁湖水质,梅梁湖、大渲河泵站常年调水,平均每年合计调水 $8.40×10^8 m^3$ 以上,所调水量通过梁溪河,最后进入苏南运河;另一方面,运东大包围或因为包围圈内水位过高向苏南运河排水,或因为利用城市防洪工程进行调水引流改善包围圈内水环境变得常态化,平均每年调水在 $3×10^8 m^3$ 以上,这些水量通过江尖和仙蠡桥等枢纽排入大运河。两股来水同时汇入主城区仙蠡桥附近运河内,短时间内抬高了运河无锡站水位,水位长历时保持高位,引起局部壅水现象。无锡站水位有时接近甚至高于上游洛社站水位,原本东南方向的自然流向受扰,当无锡站水位高于洛社站水位时,运河流向改变为西北方向,洛社站流量出现逆流(或顺逆不定)现象,逆流甚至上溯到常州境内横林大桥断面。

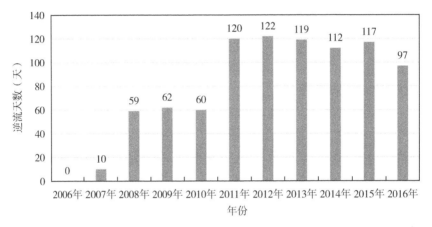

图 3-1　运河沿线洛社站各年份逆流天数(含顺逆不定天数)

3. 苏南运河沿线防洪除涝情势变化分析

(1)城镇化进程加快,运河沿线洪水特征发生改变

随着城镇化快速发展,苏南运河沿线区域建设用地面积大幅增加,耕地大量减少,根据卫星图片解译,2015 年流域建设用地面积相对于 1978 年增加了近 12 倍。大面积的天然植被和农业耕地被住宅、街道、公共服务设施、厂房及商业占地等代替,城市化涉及地区的产汇流过程发生了显著变化,不透水面积扩大,汇流速度明显加快,径流系数明显增大,从而导致了雨洪径流及洪峰流量增大,洪峰出现时间提前,增加了运河的防洪压力。

苏南运河及周边航道的升级改造也导致区域洪水特征发生改变。航道部门组织开展了苏南运河、丹金溧漕河、锡溧漕河以及锡澄运河等航道升级改造工程。工程的实施一方面总体有助于增加河道过水断面,提高河道行洪、调蓄的能力;但另一方面,在一定程度上改变了区域水流运动格局,加快了洪水下泄速度。苏南运河"四改三"工程实施后,运河断面普遍得到拓宽,有利于降雨期间湖西区洪水沿运河下泄武澄锡虞区,增加了武澄锡虞区受上游洪水入侵的风险。运河望亭水利枢纽处河宽仅为 60 m,为束窄河段,在一定程度上限制了洪水下泄,从而导致武澄锡虞区运河沿线洪涝风险的增加。

(2)沿线城市集中排水,洪涝风险发生转移

城市大包围集中排涝能有效降低城市内部河道水位,从而降低城市范围的洪水风险,

保障城市防洪安全,但也抬高了运河水位,增大了运河洪水风险。

经数学模型模拟分析,在"91北部"百年一遇降雨条件下,城市大包围按现状调度方案进行控制,常州大包围内部两次洪峰水位较不设防方案分别降低 0.34 m 和 0.44 m,无锡大包围内部两次洪峰水位较不设防方案分别降低约 0.70 m 和 0.90 m,说明城市涝水外排后城区内部河道洪峰水位明显降低,城区大包围内水位受到很好的控制,城区内涝风险降低;而运河水位会明显高于城市防洪工程不排水情况,最大会出现 30 cm 的抬高,说明在现状调度方案下,城市洪水的风险转移到了运河,并通过与运河连通的河道向两岸区域辐射。造成上述情况的原因主要是城市防洪工程调度降低了大包围内部水位,增加了向运河排涝的水量,未来可以考虑适当调整增加向北部河道的排水以促进洪水外排长江,使原先运河的洪水风险向其他主要行洪河道转移。

(3)运河自身超负荷运行,洪水出路不足

苏南运河现状安全下泄流量仅为 $200\sim400$ m³/s,2015 年运河洪水期间,镇江入常州九里站的流量近 500 m³/s,远超运河安全下泄流量。同时,受钟楼闸关闭、城市防洪大包围排涝等因素的影响,运河洪水下泄受阻。近年来,钟楼闸多次启用,启用期间,上下游水位差最大达 $0.4\sim0.6$ m,导致运河洪水下泄受阻,上游水位不断壅高,丹阳、常州水位接连超历史水位极值。无锡城市防洪大包围排涝对上游运河泄洪造成了顶托,运河进入无锡河段的洪水流量较小,甚至出现了倒流的现象。

苏南运河洪水通过沿线交叉河道北排入长江是其重要出路之一。但是,苏南运河与长江距离较远,运河洪水进入区域河网后水动力不足,外排能力有限,而且受潮位影响,排水效率不高。同时,由于运河沿线城市防洪大包围建设,原先与运河有直接水力联系的澡港河、北塘河、北兴塘等外排河道被相继截断,运河排水出路减少。沿江骨干河道已全部建闸控制,沿运河北排河道相继建闸控制,也在一定程度上影响了运河外排。

3.2.3 武澄锡虞区联圩并圩影响分析

1. 联圩并圩基本情况

中华人民共和国成立初期,太湖流域圩区仍以分散和小规模为主,即使在经济水平相对较高的苏南地区,每处圩区面积也多在几十亩至几百亩之间。武澄锡虞区联圩并圩过程与太湖流域联圩并圩过程是同步产生的,也是太湖流域联圩并圩过程的组成部分。

无锡市在中华人民共和国成立初期共有大小圩 6 300 多处,零星分散。1949 年和 1954 年连续遭受洪涝和台风袭击,堤破、田淹,受灾严重,各地开始联圩并圩,积极恢复和发展生产。20 世纪 60 年代圩区建设的重点是继续并圩建闸,培修圩堤,发展机电排灌站,大搞分级控制工程,整修内河水系。70 年代,圩区建设按照"四分开、两控制"(内外分开,高低分开,灌排分开,水旱分开,控制沟港水位和控制地下水位)的要求治理。80 年代以后,圩区治理重点向管理方向转移,圩内建设主要是提高圩区防洪排涝能力,进一步加高加固圩堤,修建"三闸"(套闸、防洪闸、分级闸),兴建改造排涝站,加强护岸建设。90 年代,堤防标准提高到抗御 1991 年最高洪水位,扩大联圩规模,大力建设万亩圩,并加强半高地的治理。至 2000 年,无锡全市圩区总面积已达 133.7 万亩,圩区数减为 995 处,其中万亩以上大圩 34 处,1 000 亩至 10 000 亩的圩区 203 处。2004 年,无锡市制定《无锡市

2004—2010 年万亩圩区达标建设规划》,规划用 7 年时间把全市万亩以上圩区全部建成标准圩区。至 2015 年前后,无锡市共有圩区 656 处,保护面积达 160 万亩,其中万亩以上圩区 42 处,保护面积达 133 万亩。无锡市运东大包围防洪工程于 2003 年开始建设,2008 年基本建成。

常州市在中华人民共和国成立初期共有圩区 3 000 余处。1950 年至 1955 年常州圩区建设重点是加高加固原有堤防,堤防标准逐年提高。1955 年起开始联圩并圩,20 世纪 60 年代,随着河网化建设,圩区治理实施"三分开,一控制"(内外分开,高低分开,灌排分开和控制内河水位),开始转入圩内工程建设。70 年代,随着农田基本建设的发展,圩区建设按"四分开,两控制"的要求,进一步联圩并圩、扩大包围、调整圩形、改造河网。80 年代,为了适应水情、工情的较大变化,又加高加宽堤身,以提高堤防防洪标准。1987 年溧阳率先开始建设标准圩堤,金坛、武进等地也相继展开。至 1990 年,全市共有大小圩区 1 399 处,保护耕地面积 102.1 万亩,其中万亩以上大圩 35 处、5 000 亩至 10 000 亩的圩区 51 处、1 000 亩至 5 000 亩的圩区 180 处、1 000 亩以下圩区 1 133 处。常州市在 2000 年后继续开展联圩并圩工作,至 2015 年前后,共有圩区 866 处,保护面积达 158 万亩,其中万亩以上 42 处,保护面积 148 万亩。常州市运北大包围防洪工程于 2008 年开始建设,2013 年基本建成。

据统计,武澄锡虞区 2014 年汇总的圩区面积为 237.6 万亩,比 2006 年增加 8.8 万亩;排涝模数从 2006 年的 10.52 m³/(s·万亩)提高到 2014 年的 14.43 m³/(s·万亩)。另根据《太湖流域防洪规划中期评估报告》,截至 2015 年武澄锡虞区有大小圩区 669 座(不含县城及以上城市大包围),圩区面积 1 166.6 km²(不含县城及以上城市大包围),圩区率达 29.7%,平均排涝模数 1.90 m³/(s·km²),平均排涝模数在太湖流域水利分区中属于最高的。武澄锡虞区 5 万亩以上的圩区有 1 座,面积为 48.4 km²,平均排涝模数为 3.21 m³/(s·km²);1 万~5 万亩的圩区有 38 座,面积为 540.7 km²,平均排涝模数为 2.27 m³/(s·km²);1 万亩以下的圩区有 630 座,面积为 577.5 km²,平均排涝模数为 1.44 m³/(s·km²)。详见表 3-6。

表 3-6　2015 年武澄锡虞区不同规模圩区基本情况(不含县城及以上城市大包围)

统计项目		武澄锡虞区
座数 (座)	总座数	669
	5 万亩以上	1
	1 万~5 万亩	38
	1 万亩以下	630
面积 (km²)	圩区总面积	1 166.6
	5 万亩以上	48.4
	1 万~5 万亩	540.7
	1 万亩以下	577.5

（续表）

统计项目		武澄锡虞区
平均排涝模数 $[m^3/(s \cdot km^2)]$	平均排涝模数	1.90
	5万亩以上	3.21
	1万~5万亩	2.27
	1万亩以下	1.44
比例 （％）	圩区面积占区域面积	29.7
	圩区面积占流域圩区总面积	7.6

2. 联圩并圩影响分析

（1）对圩内水系的影响

武澄锡虞区境内开展的联圩并圩改造以及部分有条件的地区开展的万亩圩区达标建设工作，在很大程度上改善了区域内圩区规模小、分散、凌乱、管理混乱的局面，提高了圩区的防洪排涝能力。

20世纪50—70年代对圩堤的培修、河道的疏浚、打坝并圩及发展机电排灌，在一定程度上提高了联圩内抵制洪水的能力。联圩并圩将若干小圩并成一个大圩，相应缩短了防洪线。防洪线的缩短，不但减少了修圩土方量，节省防汛器材和劳力，而且易于集中精力防守。在联圩后，由于普遍采用机电排涝，代替了水车，加快了排涝时间；同时采用了预降水位等措施，提高了抗涝能力。在联圩过程中，圩区的"三闸"配套工程也相继建设，在调节洪水方面起到一定作用。

虽然联圩的配套工程，如套闸、防洪闸、分级闸及机电灌排等在一定程度上提高了圩区抵御洪水的能力，但对河道的水势也产生了重要影响。一方面，圩区大规模排涝时，会造成内外水位差较大，影响堤防自身安全；另一方面，圩区的运行也使得圩区内外水体自由交换和自净能力削弱，联圩内的河流容易形成死水，造成水质下降。同时，联圩并圩将部分城镇、工厂纳入联圩，大量的工厂废水和群众生活用水被排入圩内河道，圩区水质受到严重污染。

（2）对圩外水系的影响

联圩并圩使许多河网湖泊被圩堤圈圩封隔，使圩内河道、湖泊成为内港、内湖，联圩并圩后，圩外水面积相应缩小了，减少了外港口河槽容积，降低了外港的调蓄能力，同时圩外河网洪水位被抬高，此外联圩并圩及围垦工程，也堵死了一些排水河道，使下游宣泄不畅，影响排水。圩区范围不断扩大，占用或堵断了原有的排水河道，并且将原有圩外调蓄水面圈围到圩内，降低了区域整体调蓄洪水能力，增加了圩外骨干河道的防洪压力，外河高水位又反过来对圩区的建设提出更高的要求。

圩区排涝能力与区域外排能力未能很好地相互衔接，排涝动力增长过快，集中排水时圩外河道水位上涨迅速，导致区域水情恶化。圩区排涝动力增加，洪涝水排出时间缩短，改变部分区域排洪方向和排洪时间，会引起圩区外局部点水位壅高并影响高水持续时间，但由于面上洪水总量不变，对区域面上最高水位影响不大。圩外水面率减少，区域外河排水通道变成了圩内河道,减少了外排通道,同时降低了圩外水面调蓄能力,将抬高区域面上最高水位,进一步加剧了洪水外排能力不足的矛盾,造成强降雨时圩外河道水位上涨幅度和速度较过去明显上升。

经数学模型模拟分析,圩区大规模整治后,太湖洪水位升高,流域防洪压力大幅增加。在 100 年一遇"99 南部"设计暴雨条件下,2015 年圩区情况较 1997 年圩区情况,太湖日均最高水位升高约 4 cm,武澄锡虞区地区洪水位呈上涨趋势,无锡站日均最高水位升高 4 cm,青阳站日均最高水位升高 2 cm。

3.3 防洪除涝安全面临形势与需求分析

城镇化是人类社会发展的一个重要标志[39],由于下垫面条件变化、水系结构改变、水利基础设施网络与社会经济发展不协调等原因,高度城镇化地区的水安全问题也更为突出。党的十九大作出"我国经济已由高速增长阶段转向高质量发展阶段"的重大判断,深刻揭示了新时期经济社会发展的历史方位和基本特征。这就要求贯彻落实新时期发展理念,牢固树立底线思维和忧患意识,以保障民生、服务民生、改善民生、惠及民生为出发点和落脚点[40],加快转变治水思路与方式。从流域和区域整体着眼,把握洪水发生和演进规律,提高河道泄洪能力,增加洪水调蓄能力,协调区域、城区和圩区工程治理与运行管理,不断提升水旱灾害防御能力。

随着社会经济的快速发展,大范围、高强度的人类活动不断影响和改变着区域下垫面特性、河湖水系结构和水利工程体系,并进一步改变了区域水文过程[41],水资源系统正面临经济社会高速发展与气候变化影响的双重压力,这些因素决定了高城镇化地区水问题的根本解决具有相当的复杂性、艰巨性和长期性[42],对区域防洪除涝安全保障带来新的挑战[43-44]。武澄锡虞区濒临长江、太湖等大江大湖,承载人口多、经济负荷大,但片区内地势低平、河网纵横、圩区密布、风暴潮相互叠加,上下游、干支流、相邻水利分区间洪水相互影响,极易造成洪涝灾害。经过多年不懈努力,武澄锡虞区水安全保障能力显著提升,但目前仍然面临着新老水问题相互交织的严峻形势,其在防洪除涝方面具体表现如下:

3.3.1 区域内部防洪除涝治理分区有待进一步优化

武澄锡虞区区内部地貌多样,不同地区间的防洪除涝基础条件存在较大差异。区域地形以白屈港为界,分为武澄锡低片和锡澄虞高片,两片区平均高程相差 1.5~2.0 m,武澄锡低片低洼圩区较多,采菱东南片等部分圩区因涉及行政区域较复杂、水利投入不高等原因,规划工程进展较为缓慢,远未达到规划要求,低洼地区易受洪涝灾害。锡澄虞高片普遍排水条件较好,部分地区受流域调度要求限制,也存在排水出路不足问题。2015 年为满足引江济太期间锡澄地区排水需要,新建了走马塘工程,但实际运行表明,其泵排和自排只能排泄江边枢纽到锡北运河之间的水量,无法解决锡澄地区锡北运河以南地区的排水出路问题。此外,武澄锡虞区水系又以苏南运河为界,分成苏南运河北部和南部两部分,运河以北片距离长江较近,排水条件相对优越,运河以南片距离太湖较近,因太湖水源保护要求,南排太湖方向受限,运河以南片优先排运河。近年来,随着苏、锡、常等城市大包围运行,运河水位不断抬升,运河堤防薄弱河段险情不断,2015年"6·16强降雨""6·26强降雨"影响期间,常州武进区多地被淹。运河以南的直武地区洪水运动混乱、排水出路不足,武宜运河、锡溧漕河也成为洪水运动的主要河道,使得沿河地区在承受高水位的同时,也要承受高流速的考验。

因此,亟须综合考虑武澄锡虞区水利工程布局及规模、不同地区防洪除涝薄弱环节及需求等,对区域内部进行系统梳理,划分不同的治理分片,提出针对性的防洪除涝治理方案。

3.3.2 城市大包围及圩区的调蓄作用有待进一步发挥

随着经济社会快速发展和城镇化推进,防洪安全保障要求不断提高,各地开展了大量的城市包围工程和联圩并圩建设,城市和圩区规模进一步扩大,排涝动力大幅提高,并仍有增大趋势。虽然城市大包围的建设提高了城市和若干低洼地区保护标准,但另一方面也占用或堵断了原有的排水河道,切断了河道湖荡连通性,并且将原有大包围外调蓄水面圈围入大包围内,削弱了整体洪涝调蓄能力。同时,部分已建城市防洪工程的调度缺乏区域整体协调,为降低城市内涝风险,已建城市防洪工程过早关闭包围圈启用泵站抽水入外河,导致运河等外河水位在汛期迅速抬升。2015年常州部分地区受外河高水壅积影响而受涝,无锡段因受上下游顶托而持续高水位。2016年防汛实践也表明,圩区、城镇包围圈内存在河网调蓄空间运用不充分的情况,强降雨期间内、外河水位差过大,呈"外紧内松"不利局面。不断增加的圩区正日渐成为新的焦点,由于缺乏有效监管,为了自保,部分圩区调度往往各自为政、过度运行,未能有效发挥圩区的调蓄作用。相反地,圩区排涝造成外河水位上涨加快、高水位持续时间延长,加大了骨干河道及圩外河道的防洪压力,也加大了各城镇、圩区自身的设防压力,加剧了洪涝矛盾。

实践证明,预降水位和圩区限排是控制区域高水位的两项行之有效的措施。在圩区群占主体的防洪格局下,预降水位是一个整体系统性的排水过程,必须要统筹考虑圩区内外的整体预降预排。圩区预降一方面可增加圩内调蓄能力,另一方面在预降期间可抬高区域骨干河网水位,有利于进一步向长江预排。因此,亟须开展城市大包围及圩区的调蓄作用优化研究,挖掘并发挥武澄锡虞区城市大包围及圩区的滞蓄潜力。

3.3.3 区域、城区、圩区不同层级防洪除涝调度协同性有待进一步提升

武澄锡虞区区域调度对象主要包括区域沿江、环湖的口门、闸泵,武澄锡西控制线、白屈港控制线。目前,区域沿江、环湖的口门、闸泵的启闭主要依据太湖水位、区域代表站水位和沿江潮位等确定,通过对这些区域控制线的合理调度可在汛期安排区域洪涝水的蓄泄。区域内城市防洪大包围的调度对象主要是常州运北防洪大包围、无锡运东防洪大包围,在汛期强降水影响下,按照各市大包围调度方案,采用闸排、泵排等方式向包围外排出涝水。然而,随着城镇化快速发展,流域、区域和城市防洪调度格局发生了较大变化,流域、区域、城市、圩区等已建工程尚未有效统筹,上下游城市、所在区域、广大圩区之间缺乏整体统一的调度方案和原则,行政区域之间仍存在各自为政的问题。区域尤其是各城市大包围在开展洪涝调度时往往各自为政,不能兼顾其他分区和城市的防洪排涝需求,各城

市大包围和圩区的调度运用未能在流域和区域层面形成统一协调的调度运行机制。因此,亟须研究解决区域和城市、沿江排水和城市大包围运行、上下游调度之间的统筹协调问题。

此外,2015 年、2016 年等的调度实践表明,科学调度流域性水利工程,对合理控制苏南运河水位、降低河网水位有一定积极作用。在 2015 年 6 月第三次强降雨过程中,江苏省调度中心及时关闭了钟楼闸,有效地控制了苏南运河下泄流量,为下游洪水错峰行洪提供了有利条件,降低了下游防汛压力,但是 2016 年实际调度中运河无锡水位 5.06 m 时才关闭钟楼闸,给无锡市防洪带来压力。可在保障流域整体防洪安全的前提下,进一步探索钟楼闸、蠡河枢纽等流域性工程的调度潜力,助力区域防洪除涝。

3.4 小结

本章回顾了武澄锡虞区洪涝治理历程,分析了现状区域防洪除涝存在的主要薄弱环节,以及近年来区域防洪除涝情势发生的新变化,全面总结了武澄锡虞区防洪除涝面临的形势和治理需求。总体来看,新阶段武澄锡虞区防洪除涝治理需求主要体现在:区域内部防洪除涝治理分区有待进一步优化,城市大包围及圩区的调蓄作用有待进一步发挥,区域、城区、圩区不同层级防洪除涝调度协同性有待进一步提升。

4 武澄锡虞区洪涝治理分片优化方案研究

4.1 分片治理概念

网状河流结构是平原河网地区的典型地理特征,针对网状河流比降较小、相互通连、河道稳定的基本特点,空间分片被认为是平原河网城市适宜的河流管理模式之一[44]。空间分片模式综合考虑城市水安全与水需求,将城市划分为若干相对独立的集排水区域,通过自然河流和泵站管线系统建设共同完成区域引水、排水、控污、航运等功能要求,并对不同分片实施不同的管理和治理。目前,长江三角洲城市较多采用空间分片模式实施对城市河流和调蓄的控制和管理[45]。

根据不同的自然环境、发展需求、管理目的等,对一个区域实行分片治理的理念在许多领域有着充分的利用。在城市河流管理方面,上海市从 20 世纪 70 年代起,就将区域划分为 14 个水利控制片作为调蓄水基本单元。在防洪除涝方面,徐迎春等[46]综合自然地形、河流水系、行政区划、涝情特征、治理布局等因素对安徽省淮河流域易涝区进行分片治理,划分原则包括排水体系相对独立、承泄区基本一致、涝区规模适度;岳金隆等[47]根据地形、水源、自然条件等因素,将泗阳县划分为平原坡水区、黄河故道高亢区、圩区三种地区,并提出各分区相应的治理模式。在水生态功能分区方面,高俊峰等[48]建立了巢湖流域水生态功能分区划分方法,分区划分总体原则包括体现湖泊型流域水生态系统的潜在特征及其空间分异,体现以湖泊为核心的湖泊型流域的圈层性水生态特征,体现湖泊型流域水生态系统的层级性及其与陆域要素的关联原则以及子流域完整性原则,以水定陆与水陆耦合原则,发生学原则,其他包括区内相似性原则、区间差异性原则、等级性原则、综合性与主导性原则、共轭性原则等。在水土保持管理单元划分方面,罗志东[49]提出了"水保斑"区划的指标体系,通过对空间叠置法、语义相似度分析法、继承性分割法 3 种方法的研究对比实践,得出语义相似度分析法更加适用,该方法遵循最小阈值、重要性、区域特殊性等原则。

分片治理、高水高排、低水低排等治理思想,是长期以来太湖流域治水经验的总结,也是现代防洪和内涝治理的主要原则。太湖流域治水活动伴随着太湖平原形成发育而逐步展开,为防止洪水淹没农田,在低洼地外围筑堤抵挡外部洪水以实现内部农田种植作物安全,此即为圩区。在后续圩区的开发利用过程中,结合实际灌溉和排水需要,整治内外部水系,增加机电灌排设施,实现"挡排结合、旱时提水、涝时排水"的圩区模式。此后逐渐进行了湖堤、圩田、运河、堰、闸、埭等多种形式的水利设施建设,通过堤防以及相关控制建筑物的联合运用,将主干河流与支流以及相应的出水、入水的关系统纳于一个区域内,从而可以更好地控制总体的水流,即实现分片治理。武澄锡虞区汛期易受高水包围,西为湖西区高片外部洪水,东为澄锡虞高片洪水,北有长江洪水和高潮位,南受太湖洪水影响,区域内洪涝水叠加导致防洪除涝任务较重。为了提高武澄锡虞区防洪除涝治理效果,减少洪涝灾害损失,缩短防线,有必要在武澄锡虞区进行分片治理技术研究,划分适宜的治理分片,并针对不同片区的特性提出因地制宜的治理策略。

4.2 区域防洪除涝治理分片现状分析

武澄锡虞区总面积为 4 015.5 km²,其中陆域面积 3 582.5 km²,占 89.2%;水域面积 433 km²,占 10.8%。区域内地面高程大部分在 4.5~6.0 m,少部分低于 4.5 m。经过多年治理,目前武澄锡虞区形成了沿长江控制线、沿太湖控制线、武澄锡西控制线为外围控制线,内部以白屈港控制线分为高片、低片,同时区内以圩区堤防控制线实现圩内、圩外分片。

4.2.1 高低分片

从武澄锡虞区来看,高低分片主要以白屈港控制线为界,白屈港控制线主要在白屈港以东区域的东西向河道建闸进行控制,向北至长江堤防,向南与已建成的无锡市运东城市防洪工程包围圈连接,将武澄锡虞区分为控制线西侧的武澄锡低片和控制线东侧的澄锡虞高片,澄锡虞高片的地形较武澄锡低片高 1.5~2.0 m。

武澄锡低片地势总体平坦,总面积 2 255.0 km²,其中水域面积 230.5 km²,占比 10.2%。武澄锡低片地面高程一般为 4.5~6.5 m,其中高于 4.5 m 的陆域面积为 1 644.3 km²,占低片总面积的 72.9%,低于 4.5 m 的陆域面积为 380.2 km²,占低片总面积的 16.9%,低洼圩区主要分布在漕河、五牧河、三山港、直湖港、采菱港、锡澄运河等河道两侧,地面高程一般为 3.5~4.5 m,还有少部分区域的高程为 2.8~3.5 m,最低点为 1.5 m。根据区域圩外地面高程分析,武澄锡低片圩外地面高程在 4.8 m 以下的面积为 80.98 km²,占区域圩外总面积的 7.4%,即圩外不设防区域仅有 7.4% 的地面高程达不到防洪要求,需采用填高地面或局部建圩等措施防洪。按照圩堤设计标准,考虑堤防安全超高 0.7~1.0 m,防洪控制水位4.8 m 所对应的圩堤顶高程应在 5.5 m 以上。据统计,武澄锡低片圩堤顶高程在 5.5 m 以上(含 5.5 m)的长度为 734.8 km,占圩堤总长度的 93.1%。若维持防洪控制水位不变,大部分圩堤现状已达到防洪要求,仅有少部分圩堤需要加固。根据区域已建骨干工程现状防洪能力,武澄锡低片新沟河、新夏港、锡澄运河和澡港河等骨干河道防洪设计水位一般为 4.8 m 左右,堤顶高程一般为 5.5~6.5 m。《江苏省武澄锡虞区水利综合规划》(2019 年)提出,综合区域圩外地面高程、现状圩区堤防顶高程和已建骨干工程防洪能力分析,充分考虑区域大部分圩外地面高程及圩区堤防可承受、防洪建设任务合理可行,并且与区域已建骨干工程防洪能力较好地衔接等要求,武澄锡低片青阳站防洪控制水位仍维持 4.80 m(50 年一遇防洪设计水位)。

澄锡虞高片地势总体较高,总面积 1 760.5 km²,其中水域面积 202.5 km²,占比 11.5%,高于 4.5 m 的陆域面积为 1 292.6 km²,占高片总面积的 73.4%,低于 4.5 m 的陆域面积为 265.4 km²,占高片总面积的 15.1%。高片南北向地形呈中间高、南部其次、北部沿江自排区最低的状况。中间区域高程在 6.0～7.0 m,南部高程在 5.0～6.0 m,其中中部及南部的嘉菱荡、鹅真荡、宛山荡、南清荡周边等局部低洼地区地面高程在 3.5～4.5 m,为圩区。北部地面高程在 3.4～3.9 m,已建成圩区,为沙洲自排区。根据区域圩外地面高程分析,澄锡虞高片圩外地面高程在 4.8 m 以下的面积为 70 km²,仅占区域圩外总面积的 7.2%,即圩外不设防区域仅有 7.2% 的地面高程达不到防洪要求,需采用填高地面或局部建圩等措施防洪。按照圩堤设计标准,考虑堤防安全超高 0.7～1.0 m,防洪控制水位 4.80 m 所对应的圩堤顶高程应在 5.5 m 以上。据统计,澄锡虞高片圩堤顶高程在 5.5 m 以上(含)的长度为 180.8 km,占圩堤总长度的 78.6%。若维持防洪控制水位不变,大部分圩堤现状已达到防洪要求,仅有少部分圩堤需要加固。根据区域已建骨干工程现状防洪能力,澄锡虞高片张家港、十一圩港现状堤顶高程为 6.0 m,九里河、伯渎港和锡北运河运东大包围以外段防洪设计水位为 4.85 m 左右,堤顶高程为 5.0～7.0 m,且规划对九里河、伯渎港实施整治,堤顶高程为 5.5～6.0 m。《江苏省武澄锡虞区水利综合规划》(2019 年)提出,综合区域圩外地面高程、现状圩区堤顶高程和已建骨干工程防洪能力分析,充分考虑区域大部分圩外地面高程及圩区堤防可承受、防洪建设任务合理可行,并且与区域已建骨干工程防洪能力较好地衔接等要求,澄锡虞高片陈墅站防洪控制水位仍维持 4.80 m(50 年一遇防洪设计水位)。

4.2.2 圩内圩外

随着区域社会经济高速发展,城镇人口、财产、生产力越来越集中,保护标准也逐步提高,武澄锡虞区大部分低洼地已建成圩区(含城市防洪大包围)进行保护。

武澄锡虞区无锡、常州已建成城市大包围,另外还有部分县级市也建设了防洪大包围。城市防洪大包围形成后,排水能力增强,可尽快排出城市内部涝水,但是在一定程度上增加了城市周边地区河道甚至是区域及流域骨干河道的排水压力。根据相关调查统计,武澄锡虞区无锡市、常州市城市中心城区大包围总面积为 703.5 km²,总排涝流量达 1 327.1 m³/s,详见表 4-1。

表 4-1 武澄锡虞区主要城市大包围基本情况统计

城市	分片	包围面积(km²)	排涝流量(m³/s)	排涝模数[m³/(s·km²)]
常州	运北片	179.2	399.7	2.23
	湖塘片	84.6	96.4	1.14
	潞横草塘片	109.0	179.2	1.64
	采菱东南片	36.7	84.8	2.31

(续表)

城市	分片	包围面积(km²)	排涝流量(m³/s)	排涝模数[m³/(s·km²)]
无锡	运东大包围	144	470	3.86
	太湖新城	150	97.0	0.65
合计		703.5	1 327.1	

据相关资料统计[1]，较 1997 年，2015 年武澄锡虞区圩区面积(不含沙洲自排片、含县级以上城市大包围)大幅增加，增加了 818.4 km²，增幅达 116.6%，其主要原因是无锡和常州城市大包围的建设以及圩区整治，无锡市主要是运东大包围、太湖新城片和阳山大联圩等圩区面积的增加，以及锡山区东南部新增加的圩区等；常州市主要是运北片大包围的建设。从圩区排涝模数变化来看，2015 年武澄锡虞区平均排涝模数为 1.90 m³/(s·km²)较 1997 年的 0.80 m³/(s·km²)提高了 1.10 m³/(s·km²)，增幅高达 138%，其主要原因是大规模圩区整治与提标改造导致圩区排涝动力激增。

武澄锡虞区圩外总面积为 2 465.4 km²，其中陆域面积 2 180.6 km²，水域面积 284.8 km²。圩外一般为高地和半高地，地面高程一般在 5.0 m 以上。低于 5.0 m 的陆域面积为 240.4 km²，占圩外总面积的 9.7%，其中武澄锡低片为 98.9 km²，澄锡虞片面积为 95.4 km²，沙洲自排片为 46.1 km²。

表 4-2 武澄锡虞区圩外不同地面高程统计表 单位:km²

片区	陆域面积					水域面积	合计
	<3.6 m	3.6~4.0 m	4.0~4.5 m	4.5~5.0 m	5.0 m 以上		
武澄锡低片	49.9	3.0	10.3	35.5	999.3	125.9	1 223.9
澄锡虞高片	30.1	6.4	13.5	45.4	875.3	139.9	1 110.6
沙洲自排片	0.0	3.3	17.9	24.9	65.8	19.0	130.9
小计	80.0	12.7	41.7	105.8	1 940.4	284.8	2 465.4
所占比例	3.2%	0.5%	1.7%	4.3%	78.7%	11.6%	
累计比例	3.2%	3.7%	5.4%	9.7%	88.4%	100%	

4.3 优化原则及方法

4.3.1 优化原则

区域分片划分需要综合考虑自然地理环境与地形高程的差异、现状河网水系结构、周边主要河道和湖泊承泄或排水能力以及行政区划等情况，目标是将区域洪水与涝水统筹

---

[1] 水利部太湖流域管理局，太湖流域管理局水利发展研究中心：太湖流域防洪规划中期评估报告.2018 年 10 月。

治理,实现洪涝水精准调度、蓄排得当、有序高效排出。现状武澄锡虞区高低分片和圩内圩外分片的划分主要考虑了地形高程差异、周边主要河道排水能力等情况,尚有进一步优化、细化的空间。分片优化应遵循以下原则:

经济社会条件相似性。片区内的自然资源条件、经济社会发展水平、发展潜力、发展方向和经济规模等是客观基础,经济社会条件的近似性决定了承受洪涝风险的能力和水平的一致性,如农田、乡镇、城市分别按不同的防洪除涝标准进行设计控制。太湖流域从20世纪80年代开始,城镇化进程逐步加快,在2000年之后更是进入了快速城镇化时期,随着城镇化进程发展,农村变为城镇,小城镇变为城市,武澄锡虞区土地利用发生了很大变化,2010年建设用地面积较1995年增加了一倍之多,2015年建设用地面积较2000年增加了一倍之多,到2015年武澄锡虞区内的经济社会发展基本实现同步化,这也就决定了片区内对防洪除涝要求的标准趋向统一化。

水利工程与行政区划相协调。武澄锡虞区在行政区划上分属常州市、无锡市、苏州市,区域内各市乡镇经济发展迅猛,但在实施防洪除涝工程建设和运行调度时,既要自我完善又要统筹考虑,利用各片区地理位置优势,发挥水利工程防洪除涝能力,突破行政区划的差别共同防御洪涝灾害。

骨干河道与片区内部河道相配合。武澄锡虞区是典型的平原河网地区,区域内由大大小小的河流交汇形成网状平原水系,有网少纲导致洪涝水随地势和排水河道转换。应以骨干河道作为向外排水主要脉络,同时内部河道作为片区水体进入骨干河道的直接途径,起到骨干河道支流的汇流作用,从而把整个片区的河道聚成一个整体,共同发挥防洪除涝作用。

4.3.2 优化方法

根据自然地理环境、经济社会发展的共同性、水系结构的相似性和洪水运动过程的统一性,将武澄锡虞区内部地域划分为不同等级系统的片区范围,片区划分具有的特点包括:一定的面积、形状、范围和界线;有明确的区位特征;区域内部某些特征相对一致,区域与区域之间有明显的差异性。

分片划分采用图示分析法,以卫星图、水系图、城市发展规划图等图件为基础,利用相关资料,结合河网水系及地形地势进行图解分析。将区域内的骨干河道堤防和控制线作为分水线可以划分成若干个不嵌套的子流域,每个子流域按其内部的河道堤防又可划分成更小的不嵌套的小流域(排水单元或分片),使得表达更加清晰,促进对划片的直观深入了解。最后根据有关自然、经济、社会等方面的统计资料,选择具有内在水力联系的指标,把指标近似且空间上相连的地域划分为同一个片区。

武澄锡虞区是典型的平原河网地区,区内周边高、中间低的地形条件决定了水势由外向内的聚集特征,加剧了区域内防洪除涝难度。为将洪涝水在尽可能短的时间内排出区域,确保区域内洪涝水受控,保障区域防洪除涝安全,实现洪涝分开、高水高排,对区域进行分片,以提出更加针对性的治理方案。

4.4 治理分片优化结果

4.4.1 优化过程

1. 基于地势地貌相似性分析

根据武澄锡虞区地形地貌数据,除南部靠近太湖有部分海拔为 100～300 m 的高山,北部存在零星海拔超过 10 m 的低山。区域内西部地势总体平坦,高程偏低,地面高程一般为 4.5～6.5 m;在漕河、五牧河、三山港、直湖港、采菱港、锡澄运河等河道两侧,地面高程一般为 3.5～4.5 m;东部地区高程平均比西部地区偏高 1.5～2.0 m,总体高程为 6.0～7.0 m。考虑区域东西向地形高程差异,现状以在白屈港东侧区域东西向河道建节制闸进行控制的白屈港控制线为界分为西边的武澄锡低片和东边的澄锡虞高片。区域南北向地形地貌则是北高南低,北部是高程为 4.5～6.0 m 的沿江平原,中南部靠近太湖周围区域则是平原中的最低点,高程为 2.5～3.5 m,为锡澄低平原。因此,武澄锡低片根据地势地貌可以划分为北部沿江高平原、锡澄低平原两个分片。澄锡虞高片南北向地形呈中间高、南部其次、北部沿江自排区最低的状况,根据地形条件,可以划分为沿江、中部、南部三个分片。

2. 基于水系结构相似性分析

河湖水系格局既包含了具体的河网水系形成的河网通道,也包含了水利工程及其调度。现状武澄锡虞区基于流域性河道、区域性骨干河道形成了河网水系总体格局。综合考虑水系结构的统一性和差异性情况,可以看出沿江水系具有明显的平行水系特征,腹部河网以苏南运河为界,运河以南水系以沟通运河和太湖为主,运河以北水系为纵横交错、相互连通的网状水系。因此,可以按照水系情况划分为三个片区,即运南片水系、运北片水系(西横河—东横河以南至苏南运河)、沿江高片水系(西横河—东横河以北至长江)。

3. 基于圩堤建设情况分析

经过多年的圩区建设,特别是 1999 年大水后,武澄锡虞区各地开展了新一轮圩区建设,联圩并圩使得圩区保护范围和建设规模不断扩大,防洪标准也逐渐提高,圩区排涝能力逐步增强。现状武澄锡虞区内已基本形成成熟的圩区建设模式,特别是随着城市的发展,常州建成运北片城市大包围,并逐步完善潞横草塘片、湖塘片、采菱东南片三个 5 万亩以上城市圩区,无锡建成运东大包围和太湖新城片两个城市圩区,其余低洼地也均已建成圩区。因此,可以以圩区工程为界,将区域划分为圩区内部和圩外外部 2 类情形。

4.4.2 优化结果

综合前述分析,对武澄锡虞区划分形成三级分片并嵌套圩区的区域分片治理格局,其中一级分片分为武澄锡低片、澄锡虞高片两大片;武澄锡低片二级分片为运北片、运南片两个片区,澄锡虞高片二级分片为北部沿江、中部、南部三片;武澄锡低片三级分片中运北片分为沿江、中部河网两片,运南片分为西、中、东三片。如图 4-1 所示。

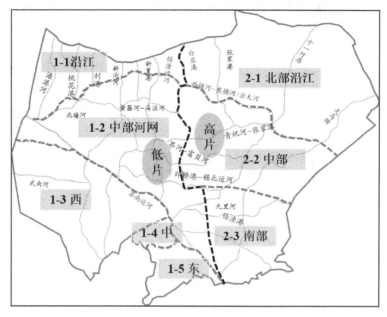

图 4-1   武澄锡虞区分片治理划分示意图

澄锡虞高片内南北向呈中间高、南北低的地形,北部沿江自排区最低。武澄锡低片常州、无锡交界处的锡澄运河、三山港和苏南运河交汇处是区域的最低点。武澄锡低片中部运河两侧已建成圩区,外围西部湖西区整体偏高,向东仅有苏南运河作为下泄通道。武澄锡虞低片南北向呈中间低、南北高的地形。各片区防洪除涝的治理方案如下:

澄锡虞高片北部片区以张家港以北为主,主要为张家港市范围,地面高程为 3.4～3.9 m。已建成治理圩区 15 个,其中,塘桥镇治理圩区 4 个,分别是牛桥圩、刘村圩、沙田圩、镇区联圩;锦丰镇治理圩区 2 个,分别是锦西圩、锦东圩;乐余镇治理圩区 9 个,分别是镇北圩、染整圩、镇南圩、齐闸圩、红联圩、常联圩、凤联圩、东林圩、东沙圩。片区内洪涝水主要通过张家港、北十一圩港、七干河等通江河道直接排入长江。建议实施圩堤达标建设、扩大河道外排等措施。

澄锡虞高片中部片区除张家港与东青河交叉口以南的河道两侧建有零散小圩区外,地势整体偏高,片区内洪水出路向周边扩散,向北主要经区域骨干河道走马塘北排长江、向西经东青河—锡北运河进入武澄锡低片,向东经锡北运河排入望虞河。鉴于水情存在侵入南片的情况,建议对现有河道进行连通疏浚。

澄锡虞高片南部片区位于无锡市运东城市大包围东面,在地势上比中部片区相对较低,在片区东部的望虞河西岸嘉菱荡、鹅真荡、宛山荡、南清荡周边等局部低洼地区已建成圩区(地面高程为 3.5～4.5 m)。本片区一方面受本地洪涝水影响,另一方面承受无锡城市防洪工程东排涝水的影响,主要洪水出路向北经走马塘外排、向东经九里河、伯渎港等排入望虞河后外排,建议实施圩堤达标建设、联圩并圩等措施。

武澄锡低片运北片整体呈西北部高、东南部较低的地形,南北向主要河道有白屈港、锡澄运河、澡港河沟通长江和苏南运河,最新建成的新沟河不仅沟通苏南运河,进而向南连通太湖,可实现长江与太湖的直接连通;东西向河道辅助连通南北向主要骨干道,可实现片区内洪涝转移。随着城镇化进程和城市建成区防洪除涝标准提高,苏南运河两侧圩区排涝动力持续加强,苏南运河最高水位屡创新高,建议通过增大沿江口门排涝能力,及时排出区域涝水,同时发挥圩区调蓄作用。

武澄锡低片运南片主要以环湖为主,受南部临湖山脉(惠山)和梁溪河分割,具体划分为西、中、东三片。东片为梁溪河以东区域,受无锡新城发展,目前已成为城市建成区,已建立城市包围圈,建议围绕内部河道连通、疏浚等方面开展治理;中片为惠山至梁溪河区域,建议开展山洪治理;西片为武澄锡西控线、苏南运河、惠山以西包围的区域,苏南运河沿岸已建成圩区,片区北部、西部承受运河和湖西区高水影响,南部部分时段可排入太湖,新沟河运行后可实现5年一遇以下洪水北排,建议围绕圩区内部河道治理、发挥圩区调蓄作用、已有工程调度方案优化等开展治理。

4.5　小结

本章基于武澄锡虞区洪涝治理的现状分区实际,本着遵循经济社会条件的相似性、水利工程与行政区划相协调、骨干河道与片区内部河道相配合的基本原则,综合考虑地势地貌相似性、水系结构的相似性、洪水运动过程、工程条件等,运用图示分析法,将武澄锡虞区细分为8个防洪除涝治理分片,其中武澄锡低片5个、澄锡虞高片3个。形成三级分片并嵌套圩区的区域分片治理格局,其中一级分片分为武澄锡低片、澄锡虞高片;武澄锡低片二级分片分为运北片、运南片两片,澄锡虞高片二级分片分为北部沿江、中部、南部三片;武澄锡低片的二级分片再细分为三级片,运北片分为沿江片、中部河网片两片,运南片分为西、中、东三片。基于问题导向、目标导向原则,因地制宜对不同分片提出了防洪除涝治理方案。

5 武澄锡虞区洪涝蓄泄动态关系研究

5.1 蓄泄关系概念

防洪工程的建设和运用本质上是在保证防洪工程安全的前提下,通过整体布局,优化防洪工程调度,合理安排洪水,使防洪效益最大化。蓄泄关系一直是防洪领域的关键问题,针对"蓄与泄"问题,通过防洪工程的科学调度运用,可以有效发挥调峰、错峰、削峰的作用,从整体上降低洪水的风险。优化调整洪水蓄泄关系,可使防洪工程体系的蓄泄功能和防洪效益得以充分发挥[50],蓄泄关系的关键在于对过程的高精度模拟,全面把握洪水演进与淹没情况,评估洪水损失与影响,分析工程调度运用效果。

陈茂满[51]从洪泽湖的蓄泄能力角度出发分析了以洪泽湖为中心的淮河中下游防洪的各种关系,将沿湖周边的 290 个圩子分成几类,根据入湖水量和湖水位上涨情况,分几个水位级进行分期分批滞洪,既控制湖水位上涨速度,又尽量发挥了下游排洪通道的潜力。朱岳明等[52]通过分析某城区排涝、某区域河道整治规划 2 个实例,提出应在水面率对排涝能力的影响基础上增加有效调蓄能力对排涝能力的影响,并提出了增加调蓄水深、结合提前预泄来换取水面率的解决方案,为平原河网地区防洪排涝对策的选择提供参考。郭铁女等[53]认为蓄泄关系是长江中下游防洪规划的主要内容,是中下游防洪总体布局的依据,而研究蓄泄关系主要是为了确定堤防设计水位,安排相应的超额洪量。许明祥[54]指出在现行除涝标准下,为提高除涝能力,一靠挖掘现有水利工程潜力,二靠退垸还湖增加蓄水量,三靠非工程措施发挥作用(如汛期结合天气预报至少可提前 3 天预降水位)。袁雯等[45]指出城市化对河网调蓄能力的影响是整体性的,城市化水平愈高,河网调蓄能力愈低,河网中不同等级河流的调蓄功能存在着差异性,高等级河流蓄水功能更强,低等级河流调节功能显著,且低等级河流的数量和结构对河网调蓄能力的影响更大。由于低等级河流更易受城市化影响而被填埋,因此河网调蓄能力受城市化影响更直接、更显著,并由此导致了河网调蓄能力的"硬化"。

洪水调蓄能力是影响洪涝灾害出现频率及程度的决定因素之一。已有较多的研究验证了调蓄能力下降会直接导致洪水危害的加剧,而调蓄作用的发挥则可以提高区域防洪减灾整体能力。一个区域的调蓄能力,既包含了圩外河网的调蓄能力,也包含了圩区及城市大包围的调蓄能力。在太湖流域,平原水网不仅可存蓄水量,还在河湖水系连通与行洪排涝方面发挥着重要作用,因而河网的调蓄能力对缓解流域性的洪涝灾害具有重要作用[55]。太湖流域的河网调蓄能力约为太湖的一半,且水位越高,河网调蓄能力越强[56],可见河网调蓄在削减洪峰、降低洪水危害中的重要作用。圩区建设是按照洪涝分开、高低水分开、内外水分开、控制内河水位的原则,通过圈圩筑堤建闸控制、设站排水的方法,防止外河洪水侵袭,排除圩内涝水,从而达到防洪、排涝的目的。圩区建设是平原低洼地区提高防洪标准最简单和最有效的措施之一。据统计,太湖流域超过一半的平原面积已建圩保护,近年来流域各地陆续开展了圩区堤防达标建设,圩区防洪排涝能力有所提高。与此同时,圩区建设使得诸多河道成为圩内河道,具有潜在的调蓄能力。圩区作为水利分区内部的防洪除涝设施,其涝水主要排入水利分区的圩外河道。各圩区自成封闭系统,通过闸泵等水利工程控制圩内水位,并改变圩区涝水的汇流过程,造成流域水量的再分配。圩外骨干河道、腹部湖泊、圩区、城市大包围对洪水均具有一定滞蓄作用。

武澄锡虞区河网密布、水系发达、圩区众多,为保障武澄锡虞区防洪除涝安全,在现状圩外河道格局下,需要研究提出水网区滞蓄有度技术。区域河网滞蓄有度是指通过优化区域内滞蓄的洪涝水的时空分布,从而达到降低区域整体防洪风险的目的。水网区滞蓄有度技术原则是基于不同片区河网、圩区、城市防洪工程的调蓄能力和洪涝承受能力,优化区域洪涝水在时间尺度和不同对象中的空间分配。充分发挥区域河网对于洪涝水的滞蓄作用,一方面是通过提前预降水位,为后期滞蓄涝水预留空间,另一方面是通过优化起排水位、调蓄水深,滞蓄闭闸期间的部分涝水,从而改变强降雨期间内外河水位差过大、"外紧内松"的不利局面。

5.2 区域蓄泄关系现状分析

武澄锡虞区蓄泄关系既包括区域与外部(周围四向)的洪涝水水量交换规律,即区域蓄泄比,也包括区域内涝水的时空分配规律,即圩外河网、城市防洪工程及圩区等不同对象的水量调蓄规律以及相对调蓄作用贡献。

5.2.1 典型情景重构

区域蓄泄情况通常与河网初始水位、遭遇降雨量大小有关,因此,情景重构主要考虑河网初始水位、降雨特征两个因素。河网初始水位以常州(三)、无锡(大)、青阳、陈墅、洛社、戴溪等站平均水位表征(图5-1),降雨特征以区域累计降雨量、区域时段平均日降雨量以及区域最大单日降雨量等表征。由于本项研究的主要目的是缓解区域防洪除涝矛盾,情景重构主要基于2015年、2016年等近年对武澄锡虞区造成较大影响的流域大洪水或特大洪水年份的典型场次降雨过程。

为充分挖潜河网调蓄能力,典型情景选取遵循以下原则:

(1) 典型情景起始时间记为 t_1,t_1 前3日基本无降雨;

(2) 时段内单日最大降雨量达到"中雨"等级(10 mm)以上;

（3）场次降雨结束后区域最高水位被称为"峰值水位"，并将该日作为典型情景结束时间，记为 t_2，典型场次降雨过程示意见图 5-2。

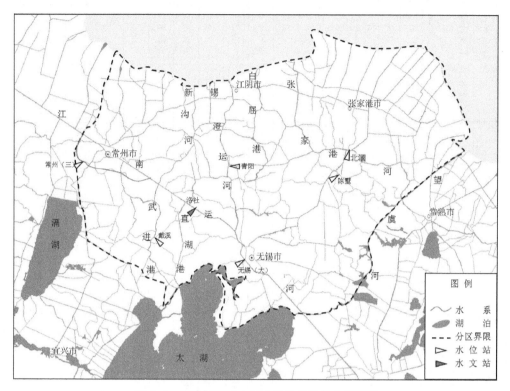

图 5-1 武澄锡虞区主要水位站位置分布示意图

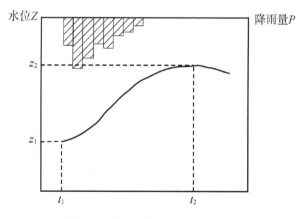

图 5-2 典型场次降雨过程示意图

根据以上原则，本次选取 2015 年、2016 年实测降雨过程中典型情景共计 30 个，初始水位为 3.31～4.71 m，时段天数为 4～14 天，累计降雨量为 13.4～445.1 mm，平均日降雨量为 4.5～63.6 mm，峰值水位为 3.52～5.57 m，详见表 5-1。

表 5-1　区域蓄泄关系分析典型情景选取

情景编号	t_1-t_2	初始水位（m）							峰值水位（m）							降雨特征		
		常州	无锡	陈墅	洛社	青阳	戴溪	区域平均	常州	无锡	陈墅	洛社	青阳	戴溪	区域平均	区域累计雨量（mm）	平均日降雨量（mm/d）	最大单日降雨量（mm）
T1	2015年3月17-21日	3.35	3.30	3.29	3.30	3.31	3.29	3.31	3.84	3.72	3.68	3.73	3.69	3.68	3.72	59.8	15.0	30.6
T2	2015年4月2-8日	3.53	3.46	3.44	3.47	3.48	3.47	3.47	4.02	3.80	3.72	3.84	3.83	3.83	3.84	68.4	11.4	32.8
T3	2015年5月15-19日	3.52	3.37	3.31	3.39	3.38	3.39	3.39	3.82	3.57	3.46	3.60	3.59	3.60	3.61	36.1	9.0	22.4
T4	2015年5月27日-6月4日	3.68	3.43	3.32	3.46	3.46	3.47	3.47	4.43	4.10	4.03	4.15	4.18	4.10	4.16	166.9	20.9	110.3
T5	2015年6月15-19日	3.74	3.52	3.44	3.55	3.54	3.56	3.56	5.07	4.68	4.49	4.71	4.71	4.66	4.72	192.3	48.1	139.6
T6	2015年6月25-29日	4.21	3.68	3.53	3.79	3.71	3.93	3.81	5.79	5.03	5.07	5.20	5.03	5.19	5.22	254.4	63.6	113.0
T7	2015年7月6-12日	4.62	3.98	3.59	4.03	3.83	4.19	4.04	4.34	3.99	3.72	4.11	4.02	4.23	4.07	44.4	7.4	25.2
T8	2015年7月16-20日	4.23	3.79	3.53	3.92	3.81	4.12	3.90	4.42	3.97	3.65	4.10	3.92	4.27	4.06	36.7	9.2	20.1
T9	2015年7月23-28日	4.33	3.78	3.50	3.92	3.73	4.17	3.90	4.15	3.69	3.51	3.83	3.70	4.04	3.82	31.3	6.3	11.7
T10	2015年8月9-13日	3.79	3.58	3.47	3.62	3.60	3.68	3.62	4.12	3.77	3.62	3.84	3.81	3.88	3.84	67.0	16.8	56.2
T11	2015年8月22-26日	3.83	3.61	3.55	3.65	3.64	3.69	3.66	3.86	3.70	3.64	3.72	3.72	3.74	3.73	58.3	14.6	35.6
T12	2015年9月4-7日	3.75	3.58	3.56	3.61	3.60	3.61	3.62	3.87	3.66	3.67	3.70	3.70	3.71	3.72	51.6	17.2	49.0
T13	2015年9月28日-10月2日	3.69	3.55	3.52	3.56	3.56	3.54	3.57	3.87	3.70	3.66	3.71	3.71	3.68	3.72	45.8	11.5	24.0
T14	2015年11月12-19日	3.56	3.48	3.51	3.49	3.50	3.46	3.50	3.76	3.67	3.69	3.67	3.69	3.63	3.69	51.1	7.3	22.7
T15	2015年12月9-12日	3.61	3.52	3.50	3.53	3.53	3.53	3.54	3.71	3.60	3.60	3.61	3.61	3.59	3.62	20.5	6.8	17.9
T16	2016年1月4-7日	3.45	3.45	3.44	3.45	3.48	3.44	3.45	3.54	3.52	3.51	3.52	3.56	3.50	3.52	13.4	4.5	13.4

（续表）

情景编号	t_1-t_2	初始水位（m）							峰值水位（m）							降雨特征		
		常州	无锡	陈墅	洛社	青阳	戴溪	区域平均	常州	无锡	陈墅	洛社	青阳	戴溪	区域平均	区域累计雨量（mm）	平均日降雨量（mm/d）	最大单日降雨量（mm）
T17	2016年4月5—9日	3.50	3.46	3.42	3.47	3.59	3.41	3.48	3.87	3.66	3.62	3.71	3.84	3.67	3.73	39.5	9.9	29.0
T18	2016年4月15—27日	3.71	3.56	3.55	3.59	3.61	3.58	3.60	4.01	3.75	3.66	3.82	3.85	3.83	3.82	96.9	8.1	21.3
T19	2016年5月8—12日	3.88	3.56	3.44	3.59	3.58	3.61	3.61	3.94	3.60	3.54	3.66	3.65	3.69	3.68	22.7	5.7	20.5
T20	2016年5月18—23日	3.84	3.59	3.50	3.62	3.61	3.63	3.63	3.96	3.76	3.67	3.79	3.80	3.79	3.80	78.5	15.7	39.6
T21	2016年5月27日—6月3日	3.86	3.58	3.48	3.64	3.61	3.70	3.64	4.18	3.92	3.77	3.98	3.95	4.01	3.97	62.5	8.9	30.6
T22	2016年6月8—13日	4.02	3.84	3.69	3.84	3.78	3.87	3.84	4.00	3.90	3.74	3.92	3.84	3.93	3.89	52.3	10.5	33.4
T23	2016年6月21日—7月5日	3.84	3.73	3.56	3.73	3.59	3.80	3.71	6.65	5.23	5.19	5.43	5.34	5.60	5.57	445.1	31.8	82.2
T24	2016年7月11—17日	5.15	4.58	4.44	4.71	4.49	4.91	4.71	4.83	4.39	4.34	4.54	4.39	4.67	4.53	55.5	9.3	20.7
T25	2016年8月2—8日	4.09	3.84	3.65	3.89	3.84	3.94	3.88	4.00	3.70	3.54	3.76	3.73	3.81	3.76	52.5	8.8	15.3
T26	2016年9月14—18日	3.58	3.50	3.48	3.51	3.49	3.49	3.51	4.40	4.27	4.16	4.28	4.27	4.18	4.26	146.5	36.6	84.2
T27	2016年9月28日—10月2日	3.79	3.69	3.64	3.70	3.68	3.72	3.70	4.93	4.55	4.33	4.60	4.47	4.61	4.58	119.7	29.9	78.8
T28	2016年10月20—29日	3.82	3.74	3.72	3.77	3.76	3.81	3.77	4.93	4.54	4.62	4.61	4.48	4.64	4.64	226.6	25.2	71.1
T29	2016年11月7—10日	4.01	3.90	3.85	3.93	3.87	4.00	3.93	3.98	3.84	3.73	3.88	3.79	3.95	3.86	36.0	12.0	36.0
T30	2016年12月25—29日	3.48	3.44	3.44	3.45	3.45	3.45	3.45	3.65	3.54	3.45	3.56	3.59	3.54	3.56	19.8	5.0	15.4

注：本书计算数据或因四舍五入原则，存在微小数值偏差。

5.2.2 蓄泄关系分析指标

为定量分析武澄锡虞区区域蓄泄情况,分别构建区域蓄泄比、河网滞蓄状态、圩外河网滞蓄量占比、圩区(城防)滞蓄量占比、圩外河网单位面积滞蓄水量、圩区(城防)单位面积滞蓄水量等指标。为衡量不同情景下由于降雨、不同蓄泄情况而导致的圩外河网蓄水状态和防洪除涝风险差异,构建防洪风险指数 R。

1. 区域蓄泄比 SDR

区域蓄泄比是指典型情景下区域总滞蓄水量与区域外排水量的比值,反映一定时段内区域河网(含城市防洪工程和圩内河网)发挥的调蓄作用大小,SDR 越大,表示河网发挥的调蓄作用越大。

$$SDR = \frac{S}{W_{out}}$$

式中:SDR 为区域蓄泄比;S 为区域总滞蓄水量,包含圩外河网、圩内(城防)的滞蓄水量;W_{out} 为区域外排水量,对于武澄锡虞区,具体为北排长江、南排太湖、入湖西区、东排望虞河的净排水量之和。

2. 河网滞蓄状态 SST

本书中河网可调蓄容量是指保证水位与初始水位之间的水体体积,反映区域水资源调蓄的能力。河网滞蓄状态是指一段时间内区域总滞蓄水量与河网可调蓄容量的比值,反映该时段末河网是否处于超蓄状态以及超蓄的程度,当 $SST>1$,则表示区域河网整体处于超蓄状态,且该值越大,超蓄程度越大。

$$SST = \frac{S}{AC}$$

式中:SST 为河网滞蓄状态;AC 为河网可调蓄容量;其余变量含义同前。

3. 圩外河网滞蓄量占比 $P_外$、圩区(城防)滞蓄量占比 $P_圩$

为定量衡量遭遇降雨后圩外河网、圩区及城市防洪工程在洪涝水调蓄方面的贡献,分别构建圩外河网滞蓄量占比 $P_外$、圩区(城防)滞蓄量占比 $P_圩$ 两个指标,即典型情景下圩外河网滞蓄水量、圩区(城防)滞蓄水量占区域总滞蓄水量的比例,表征一定时段内圩外河网、圩区及城市防洪工程调蓄作用的相对贡献,该指标越大,表示相应对象的调蓄作用贡献越大。

$$P_外 = \frac{S_外}{S}$$

$$P_圩 = \frac{S_圩}{S}$$

式中:$P_外$ 为圩外河网滞蓄量占比;$P_圩$ 为圩区(城防)滞蓄量占比;$S_外$ 为典型时段内圩外河网滞蓄水量;$S_圩$ 为典型时段内圩区(城防)滞蓄水量;其余变量含义同前。$P_外 + P_圩 = 1$,$S_外 + S_圩 = S$。

4. 圩外河网单位面积滞蓄水量 $AS_外$、圩区(城防)单位面积滞蓄水量 $AS_圩$

由于 $P_圩$ 与圩区(城防)在区域中的面积占比大小有关,仅从 $P_圩$ 大小无法客观评估圩区(城防)发挥的相对调蓄作用,因此,采用单位面积滞蓄水量指标 $AS_外$、$AS_圩$,客观衡量圩区(城防)的调蓄作用贡献,剖析圩外河网、圩区(城防)面积因素对于调蓄作用的影响。

$$AS_外 = \frac{S_外}{U_外}$$

$$AS_圩 = \frac{S_圩}{U_圩}$$

式中:$AS_外$ 为圩外河网单位面积滞蓄水量;$AS_圩$ 为圩区(城防)单位面积滞蓄水量;$U_外$ 为圩外河网面积;$U_圩$ 为圩区(城防)面积;其余变量含义同前。

5. 防洪风险指数 R

通常认为区域水位处于保证水位以下时,区域防洪风险基本可控,同时防洪风险又与河网水位超保证水位历时有关,因此,防洪风险指数 R 可按下式计算:

$$r_i = \int_{t_1}^{t_2} h_i(t)\,\mathrm{d}t$$

$$h_i(t) = \begin{cases} z_i(t) - H_i, & z_i(t) > H_i \\ 0, & z_i(t) \leqslant H_i \end{cases}$$

$$R = \frac{\sum\limits_{i=1}^{n} r_i}{n}$$

式中:r_i 为水位站 i 的防洪风险指数;R 为区域防洪风险指数;$z_i(t)$ 为水位站 i 的水位过程;H_i 为水位站 i 的保证水位;t_1、t_2 分别为起止时刻;n 为站点数量。

当 $R > 0$ 时,表示区域内部分或全部水位站水位超过保证水位,区域存在一定防洪风险。

5.2.3 成果分析

5.2.3.1 总体情况

基于 2015 年、2016 年 30 个典型情景的数模模拟分析发现,除个别初始水位相对较低或累计降雨量较小的时段区域滞蓄水量超过区域外排水量外,其余时段区域外排水量均超过滞蓄水量,表明当武澄锡虞区初始水位在多年平均水位[①]以上而遭遇较大降雨时,区域总体上以泄水为主,见图 5-3。单位降雨量区域滞蓄水量(每 10 mm 降雨量相应的区域滞蓄水量,以下简称"单位降雨滞蓄水量")为 −644 万~1 918 万 m³,单位降雨量区域外排水量(每 10 mm 降雨量相应的区域外排水量,以下简称"单位降雨外排水量")为 634 万~3 340 万 m³。

累计降雨量最大、平均日降雨量最大、河网初始水位最高分别在不同意义上代表了区域可能遭遇最大防洪风险的情况。上述典型情景中,T23 情景(历史发生时间为 2016 年 6 月 21 日—7 月 5 日)累计降雨量最大,初始水位为 3.71 m,累计降雨量为 445.1 mm,峰

---

① 武澄锡虞区多年平均水位以常州、无锡、青阳近 30 年多年平均水位 3.45 m 表征。

值水位为 5.57 m,水位涨幅为 1.87 m,单位滞蓄水量为 752 万 m³,单位外排水量为 2 852 万 m³。T6 情景(历史发生时间为 2015 年 6 月 25—29 日)平均日降雨量最大,初始水位为 3.81 m,累计降雨量为 254.4 mm,平均日降雨量为 63.6 mm,峰值水位为 5.22 m,水位涨幅为1.41 m,单位滞蓄水量为 950 万 m³,单位外排水量为 1 937 万 m³。当区域内主要水位站初始水位普遍超警戒水位或接近警戒水位时,区域蓄量可能为负值,即区域为了降低水位而全力排水,例如 T24 情景(历史发生时间为 2016 年 7 月 11—17 日)初始水位为 4.71 m,累计降雨量为 55.5 mm,平均日降雨量为 9.2 mm,时段末水位为 4.53 m,水位降低0.09 m,单位滞蓄水量为—311 万 m³,单位外排水量为 3 340 万 m³;T29 情景(历史发生时间为 2016 年 11 月 7—10 日)初始水位为 3.93 m,累计降雨量为 36.0 mm,平均日降雨量为 12.0 mm,时段末水位为 3.86 m,水位降低 0.20 m,单位滞蓄水量为—644 万 m³,单位外排水量为 3 158 万 m³。

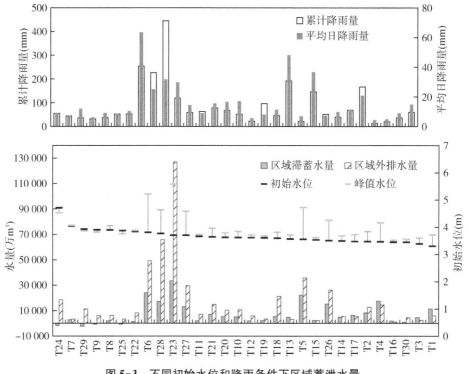

图 5-3　不同初始水位和降雨条件下区域蓄泄水量

5.2.3.2　区域蓄泄比

重点针对区域滞蓄量为正值的情景开展分析。2015 年、2016 年各典型情景中,武澄锡虞区 SDR 在 0.16～1.89,见表 5-2。分析发现,区域初始水位是影响武澄锡虞区 SDR 的主要因素,随着区域初始水位的升高,SDR 呈降低趋势。当区域初始水位超过 3.60 m 时,SDR 基本集中在 0.26～0.50,但初始水位与 SDR 在统计学上的相关性不显著;当区域初始水位为 3.30～3.60 m 时,SDR 与初始水位呈现一定负相关性。

表5-2 武澄锡虞区蓄泄现状

情景编号	$t_1 - t_2$	区域平均水位		区域累计雨量(mm)	区域滞蓄水量空间配比		区域蓄泄比 SDR	河网滞蓄状态 SST	时段内单位面积滞蓄水量(万m³)		区域防洪风险指数 R
		初始水位(m)	时段末水位(m)		圩外河网滞蓄量占比 $P_外$	圩区(城防)滞蓄量占比 $P_圩$			圩外河网 $AS_外$	圩区(城防) $AS_圩$	
T1	2015年3月17—21日	3.31	3.72	59.8	0.77	0.23	1.89	0.41	3.34	1.71	0
T2	2020年4月2—8日	3.47	3.84	68.4	0.76	0.24	0.65	0.36	2.39	1.30	0
T3	2015年5月15—19日	3.39	3.61	36.1	0.75	0.25	1.85	0.17	1.30	0.75	0
T4	2015年5月27日—6月4日	3.47	4.16	166.9	0.85	0.15	1.21	0.71	5.61	1.78	0
T5	2015年6月15—19日	3.56	4.72	192.3	0.92	0.08	0.62	1.02	7.68	1.20	3.19
T6	2015年6月25—29日	3.81	5.22	254.4	0.95	0.05	0.49	1.47	8.65	0.80	12.00
T7	2015年7月6—12日	4.04	4.07	44.4	0.97	0.03	0.82	0.20	1.02	0.05	0
T8	2015年7月16—20日	3.90	4.05	36.7	0.88	0.12	0.31	0.13	0.65	0.16	0
T9	2015年7月23—28日	3.90	3.82	31.3	—	—	-0.02	—	—	—	0
T10	2015年8月9—13日	3.62	3.84	67.0	0.77	0.23	0.47	0.24	1.48	0.76	0
T11	2015年8月22—26日	3.66	3.73	58.3	0.67	0.33	0.26	0.11	0.47	0.41	0
T12	2015年9月4—7日	3.62	3.72	51.6	0.50	0.50	0.33	0.11	0.38	0.65	0
T13	2015年9月28日—10月2日	3.57	3.72	45.8	0.73	0.27	1.51	0.23	1.30	0.82	0
T14	2015年11月12—19日	3.50	3.69	51.1	0.77	0.23	0.89	0.22	1.44	0.75	0
T15	2015年12月9—12日	3.54	3.62	20.5	0.80	0.20	1.07	0.11	0.69	0.31	0

(续表)

情景编号	$t_1 \sim t_2$	区域平均水位		区域累计雨量(mm)	区域滞蓄水量空间配比		区域蓄泄比 SDR	河网滞蓄状态 SST	时段内单位面积滞蓄水量(万 m³)		区域防洪风险指数 R
		初始水位(m)	时段末水位(m)		圩外河网滞蓄量占比 $P_{外}$	圩区(城防)滞蓄量占比 $P_{圩}$			圩外河网 $AS_{外}$	圩区(城防) $AS_{圩}$	
T16	2016年1月4~7日	3.45	3.52	13.4	0.75	0.25	1.68	0.08	0.52	0.30	0
T17	2016年4月5~9日	3.48	3.73	39.5	0.74	0.26	1.14	0.29	1.81	1.08	0
T18	2016年4月15~27日	3.60	3.82	96.9	0.79	0.21	0.26	0.28	1.65	0.77	0
T19	2016年5月8~12日	3.61	3.68	22.7	0.79	0.21	0.59	0.11	0.61	0.27	0
T20	2016年5月18~23日	3.63	3.80	78.5	0.79	0.21	0.52	0.29	1.62	0.77	0
T21	2016年5月27日~6月3日	3.64	3.97	62.5	0.85	0.15	0.48	0.39	2.30	0.69	0
T22	2016年6月8~13日	3.84	3.89	52.3	0.95	0.05	0.16	0.10	0.46	0.04	0
T23	2016年6月21日~7月5日	3.71	5.57	445.1	0.95	0.05	0.26	2.25	11.99	1.09	31.58
T24	2016年7月11~17日	4.71	4.53	55.5	—	—	−0.09	—	—	—	3.98
T25	2016年8月2~8日	3.88	3.76	52.5	—	—	−0.20	—	—	—	0
T26	2016年9月14~18日	3.51	4.26	146.5	0.85	0.15	0.58	0.70	4.90	1.54	0
T27	2016年9月28日~10月2日	3.70	4.58	119.7	0.95	0.05	0.44	0.83	4.69	0.45	0.39
T28	2016年10月20~29日	3.77	4.64	226.6	0.94	0.06	0.26	1.22	6.13	0.69	0.97
T29	2016年11月7~10日	3.93	3.86	36.0	—	—	−0.20	—	—	—	0
T30	2016年12月25~29日	3.45	3.56	19.8	0.40	0.60	0.20	0.05	0.14	0.36	0

注：“—”表示该情景下区域全力排水，河网滞蓄水量为负值，相应的滞蓄量空间配比、单位面积滞蓄水量不具有物理意义。

SDR 与降雨量也有一定关系,当平均日降雨量较小(<25 mm,中雨①)时,SDR 范围跨度较大,在 $0.16\sim1.89$;当平均日降雨量增加到一定值(>25 mm,大雨及以上)时,SDR 显著减小,基本集中在 $0.26\sim0.62$。其原因是当初期降雨量较小时,区域引排调度情况存在一定的不确定性,存在排水、关闸甚至部分时段短期引水的情况,这就导致区域水量蓄泄情况的多样性,尤其是当区域降雨量较小时,这种多样性对 SDR 分布的影响尤为显著,表现为较大的 SDR 范围跨度。

武澄锡虞片区 SDR 与初始水位、降雨量间的关系如图 5-4 所示。

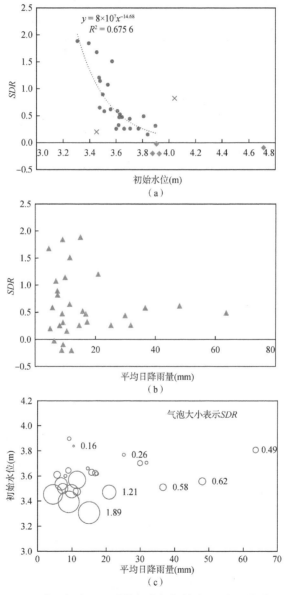

图 5-4　武澄锡虞区区域蓄泄比与初始水位、降雨量关系图

① 依据降雨量等级划分,24 小时内,降雨量为 $0.1\sim9.9$ mm 时为小雨;降雨量为 $10.0\sim24.9$ mm 时为中雨;降雨量为 $25.0\sim49.9$ mm 时为大雨;降雨量为 $50.0\sim99.9$ mm 时为暴雨;降雨量为 $100.0\sim249.9$ mm 时为大暴雨;降雨量$\geqslant250.0$ mm 时为特大暴雨。

5.2.3.3 圩外河网滞蓄状态

在特定的水位下,圩外河网有一定的可调蓄容量。通常认为河网水位处于保证水位以下时,区域防洪风险基本可控。30个典型情景中,SST值为$-0.23\sim2.25$,其中T5(2015年6月15—19日)、T6(2015年6月25—29日)、T23(2016年6月21日—7月5日)、T28(2016年10月20—29日)等情景$SST>1$,表明上述情景中河网整体处于超蓄状态。

武澄锡虞区典型情况下现状SST如图5-5所示,SST与初始水位、降雨量间的关系如图5-6所示。

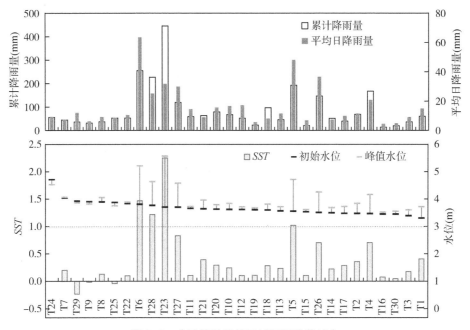

图5-5 典型情景现状区域河网滞蓄状态

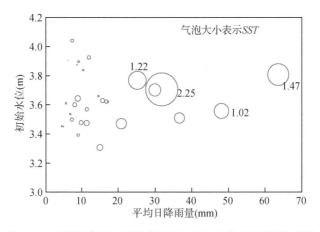

图5-6 武澄锡虞区河网滞蓄状态与初始水位、降雨量关系图

5.2.3.4 圩区(城防)调蓄现状

为定量衡量遭遇降雨后圩外河网、圩区及城市防洪工程在水量调蓄方面的贡献,分别构建 $P_外$、$P_圩$ 两个指标,表征典型时段内圩外河网、圩区及城市防洪工程调蓄作用的相对贡献,该指标越大,表示相应对象的调蓄作用贡献越大。同时考虑到 $P_圩$ 与圩区在区域中的面积大小有关,仅从 $P_圩$ 的大小无法客观评估圩区(城防)发挥的相对调蓄作用,因此,采用 $AS_外$、$AS_圩$ 客观衡量圩区(城防)的调蓄作用贡献,剖析圩外河网、圩区(城防)面积因素对调蓄作用的影响。

26 个典型情景[①]中,武澄锡虞区 $P_圩$ 为 0.03~0.6,且大部分不超过 0.39,见图 5-7。$P_圩$ 与区域降雨量成负相关关系,当区域降雨量较小时,$P_圩$ 分布跨度较大,随着区域降雨量的增加,$P_圩$ 呈现明显减小趋势,表明就武澄锡虞区而言,圩区的相对调蓄作用贡献随着区域降雨量的增加而减小,圩外河网发挥的相对调蓄作用贡献被动增加,部分情景下 $P_圩$ 甚至小于 0.1,这意味着城防及圩区基本未发挥其调蓄作用,不利于区域整体防洪安全。武澄锡虞区圩区率为 38.9%,从单位面积滞蓄水量指标看,30 个典型时段内 $AS_外$ 为 0.15 万~13.2 万 m^3,$AS_圩$ 为 0.04 万~1.78 万 m^3,除 T12、T30 两个情景 $AS_圩/AS_外 > 1$ 外,其余情景 $AS_圩/AS_外$ 为 0.05~0.79,表明圩区(城防)的相对调蓄作用贡献量远小于圩外河网,在保证圩区自身防洪除涝安全的前提下,圩区(城防)具有进一步挖掘的潜力,见图 5-8。

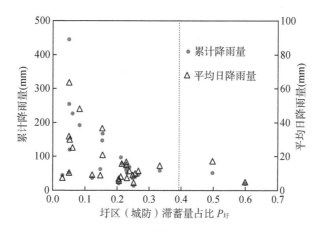

图 5-7 圩区(城防)滞蓄量占比与降雨量间的关系

选取常州运北片、玉前大联圩作为典型圩区(城防)。当圩区(城防)处于敞开状态时,其调蓄作用与圩外河网无显著区分,在典型情景中,进一步选取圩区或城市防洪工程运行的时期,分析圩区(城防)调蓄作用[②]。对于常州运北片,T6、T23、T28 中 $SDR_常$ 均小于区域蓄泄比;对于玉前大联圩,$SDR_玉前$ 均明显小于同情景下区域蓄泄比,尤其是当平均日降雨量较大时,这种差异尤为显著。如图 5-9 至图 5-11 所示。

5.2.3.5 区域防洪风险

根据前述区域防洪风险的定义,当 $R > 0$ 时,表示区域内部分或全部水位站水位超

---

① 除去 4 个区域滞蓄水量为负的情景,分别为 T9、T24、T25、T29。
② 城市防洪工程未运行时不计算蓄泄比。

过保证水位,区域存在一定防洪风险。30 个典型情景中,T5、T6、T23、T24、T27、T28 这 6 个情景 $R>0$。滞蓄有度状态即同等的初始水位、降雨条件下区域防洪风险指数相对较低。

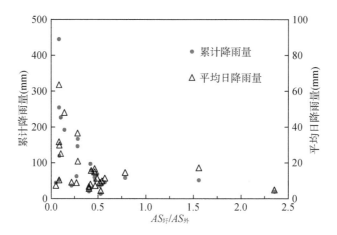

图 5-8 $AS_{圩}/AS_{外}$ 与降雨量间的关系

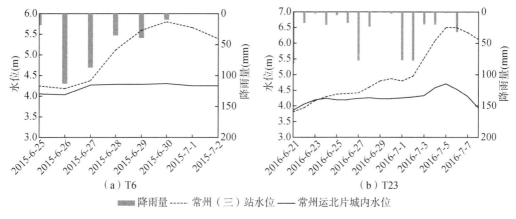

图 5-9 常州运北片典型时段水位过程

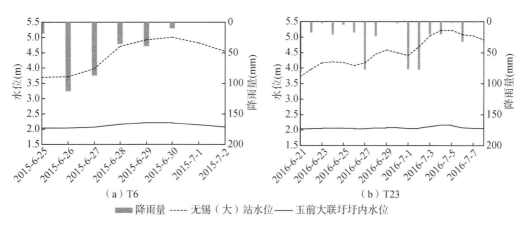

图 5-10 玉前大联圩典型时段水位过程

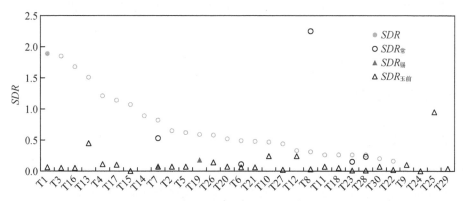

图 5-11　典型圩区蓄泄比①

5.3　优化思路

滞涝容积是指涝区内用以拦蓄地表径流、调节涝水的蓄水空间,包括稻田、塘堰、洼地、天然湖泊、人工滞涝水库和河网等。相关调度方案中已提出大洪水或预报强降雨期间充分发挥城市防洪工程、圩区调蓄潜力的要求。《无锡市城市防洪规划报告(2016—2030 年)》明确水利工程现行调度运行规程为:无锡市区万亩和重点圩区内部调蓄水深②在 0.5～1.0 m;当天气预报无锡市有暴雨、大暴雨或特大暴雨时,启动城市防洪工程提前预降水位,水位必须预降至 3.00 m,当遭遇大暴雨或特大暴雨时,城市防洪工程各大枢纽泵站应全力开机排涝,最大限度地降低大包围水位。《常州市城市防洪规划修编报告(2017—2030 年)》提出,城市大包围各片区内部调蓄水深总体在 0.5～1.0 m,当天气预报常州市有暴雨、大暴雨或特大暴雨时,启动城市大包围防洪工程预降水位,尽可能地提前降低大包围水位。此外,太湖流域超标洪水预案中也提出农业圩区减排、城镇圩区限排的相关要求。

针对城市防洪工程、圩区内河网调蓄潜力运用不充分,强降雨期间呈"外紧内松"态势的情况,本书区域蓄泄关系优化的目标是同等初始水位和降雨条件下降低区域防洪风险指数,优化策略则是在保证圩区(城防)防洪除涝安全的前提下,适当增加涨水期城市防洪工程、圩区内部调蓄,包括预报暴雨或大暴雨时城市防洪工程提前预降水位和增加圩区调蓄水深两方面。武澄锡虞区圩区众多、类型多样,对于常州、无锡城市防洪工程等城市大包围类型的圩区,当预报有暴雨、大暴雨或特大暴雨时,不同程度地提前预降圩内水位;对于其他圩区,考虑到排涝模数较大的圩区自身排泄涝水能力较强,当遭遇降雨时可较快排出涝水控制圩内水位,农业型圩区内大部分为水稻田或鱼塘,具有一定的耐淹深度和耐淹时间,可适当增加圩区调蓄水深,延后起排时间。因此,根据不同圩区(城防)类别,综合考虑圩区排水能力、圩区重要性、圩堤自身安全等因素适当调整圩区调蓄水深,增加圩区(城

---

①　图中城市防洪工程未运行时不计算蓄泄比。
②　最高水位是保证控制圈内部重要地区和绝大部分区域排水安全的控制水位,最低水位是控制圈内采用泵站抽排时泵站停机水位,最高和最低水位之间的差值即为控制圈内调蓄水深。

防)调蓄量,发挥其雨洪调蓄作用。通过城市防洪工程、圩区内部调蓄挖潜,优化区域洪涝水的时空分布,以期减轻圩外骨干河道的防洪压力,同时还可避免因圩内外水位差过大而引发的堤防工程安全问题。

5.4 蓄泄关系优化结果

5.4.1 圩区(城防)聚类分析

1. 系统聚类理论

聚类分析法可以在不知道类别数情况下将相近的样本分类。聚类分析可建立一种归类准则,按归类准则将观测或变量分类。系统聚类法也称谱系聚类法,是聚类分析中最常用的方法之一。系统聚类法是研究多要素事物间分类问题的数量的方法,即根据样本自身的属性,用数学方法按某种相似性或差异性指标,通过距离定量确定样本间亲疏关系,从而对样本进行聚类。系统聚类分析中类别间距离的计算方法灵活多样,操作简单易行,不仅用于样本聚类还可用于指标聚类,见图 5-12。

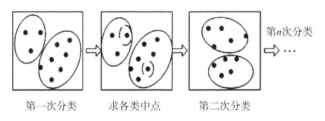

图 5-12　聚类算法示意图

系统聚类法的基本思想是首先把 n 个样品各自作为一类,并规定样品与样品之间以及各类别之间的距离,随后将从这些 n 类中性质、属性等相似程度较高的两类合成新的一类,得到 $n-1$ 个类,再从这 $n-1$ 个类按上述依据找出两类合成一类,得到 $n-2$ 个类,按照距离最小原则逐次合并类,直至所有样品合并为一类,其原理如下:

(1) 数据的处理

假设现有 n 个样品的 p 元观测数据,它们组成一个数据矩阵,记为 $\boldsymbol{X}$,即

$$\boldsymbol{X}=\begin{bmatrix} x_{11} & x_{12} & \cdots & x_{1p} \\ x_{21} & x_{22} & \cdots & x_{2p} \\ \vdots & \vdots & \vdots & \vdots \\ x_{n1} & x_{n2} & \cdots & x_{np} \end{bmatrix}$$

上面的数据矩阵中,每一行表示一个样品,每一列则表示一个指标,x_{ij} 表示第 i 个样品的第 j 项指标的数值,其中 $i=1,2,\cdots,p$。当 p 个指标对 n 个样品进行聚类时,会出现观测数据量纲不统一的问题,所以首先对观测数据进行标准化,其计算方法为

$$x_{ij}^{*}=\frac{x_{ij}-E(x_{ij})}{\sqrt{D(x_{ij})}}$$

（2）距离的计算

距离的计算是聚类分析方法的关键。距离是用来度量样品点之间的亲密程度,计算距离的方法包括欧氏距离、绝对距离、马氏距离等,以欧式距离为例,设两个样品构成的矩阵分别是 $x_i = (x_{i1}, x_{i2}, \cdots, x_{in})$, $x_j = (x_{j1}, x_{j2}, \cdots, x_{jn})$,则欧式距离的定义为

$$d(x_i, x_j) = \left[\sum_{k=1}^{n} (x_{ik} - x_{jk})^2 \right]^{\frac{1}{2}}$$

（3）聚类

假设现有 n 个样品,用下式计算每两个样品之间的距离,得到实对称矩阵:

$$\boldsymbol{D}_0 = \begin{bmatrix} d_{11} & d_{12} & \cdots & d_{1n} \\ d_{21} & d_{22} & \cdots & d_{2n} \\ \vdots & \vdots & \vdots & \vdots \\ d_{n1} & d_{n2} & \cdots & d_{nn} \end{bmatrix}$$

从矩阵 $\boldsymbol{D}_0$ 的非主对角线上找到最小距离,记为 D_{pq},那么类 G_p,G_q 就可以合并为一个新类 $G_r = (G_p, G_q)$,在矩阵 $\boldsymbol{D}_0$ 中去掉类 G_p,G_q 所在的行和列,再加上新类 G_r 与其余类之间的距离,得到 $n-1$ 阶的新矩阵 $\boldsymbol{D}_1$,对新矩阵 $\boldsymbol{D}_1$ 重复上述计算步骤,得到新矩阵 $\boldsymbol{D}_2$,依次计算下去,直到所有样品聚为一个大类结束。上述过程可以用谱系聚类图表达。在合并类的过程中聚合系数呈现出递增趋势。聚合系数越小,表明合并的两类之间的相似程度越大;聚合系数越大,说明两类之间的差异性就越大。对于分类数的确定,可以在聚合系数随分类数变化的曲线图中曲线开始变得平缓的点选择合适的分类数。

2. 武澄锡虞区圩区聚类结果

武澄锡虞区 5 万亩以上圩区共 4 个,分别为无锡市城市防洪工程、无锡市玉前大联圩、常州市运北片、常州市采菱东南片,在进行聚类分析前将以上 4 个 5 万亩以上圩区单独作为一类。考虑到沿江高片圩区排涝条件相对较好,因此,聚类分析重点针对武澄锡低片圩区进行。

对于武澄锡虞区 38 个主要 5 000~5 万亩圩区,采用系统聚类法进行聚类分析。首先构建能够反映圩区自然属性与社会属性的指标,圩区自然属性主要包括圩内水面率、堤顶高程、排涝模数等指标,其中圩内水面率表征圩区自然状态下调蓄能力,堤顶高程差异一般可间接反映圩区地面高程差异,排涝模数表征工程作用下圩区调蓄能力。社会属性指标主要用于区分圩区农业圩或非农业圩属性,由于采用常规圩区属性(农业圩或非农业圩)难以定量化衡量圩区社会属性,因此,采用圩内耕地面积占比间接表征圩区社会属性,圩内耕地面积占比越大,表示该圩区农业圩属性越大。

根据系统聚类理论,对武澄锡虞区圩区进行聚类分析,主要 5 000~5 万亩圩区聚类谱系图见图 5-13。该图本身并没有具备对样本进行分类的功能,而是通过反映样本之间亲疏关系的并类过程来为样本最终的分类提供依据,再根据分类数得出最后的分类详情,见表 5-3、图 5-14。

表 5-3　武澄锡虞区主要圩区分类结果

类别	个数	圩区名称
第一类（A）	4	无锡市城市防洪工程、无锡市玉前大联圩、常州市运北片、常州市采菱东南片
第二类（B）	6	黄桥联圩、新解放圩、洛钱大联圩、开发区东联圩、洛西联圩、小芙蓉圩
第三类（C）	7	芙蓉大圩、阳湖大圩、马安大圩、马甲圩、荷花圩、黄天荡圩、北渚联圩
第四类（D）	25	舜西联圩、武锡联圩、石塘湾大联圩、阳山大联圩、芙蓉圩、港东大联圩、港西大联圩、万张联圩、甘露大联圩、荡北大联圩、璜塘河东大联圩、桐岐联合圩、团结圩、青阳镇联圩、郑陆联圩、锡武联圩、荡南联圩、民主联圩、大船浜圩、北国联圩、常锡联圩、戴溪市镇圩、蒲岸圩、璜塘河西联圩、九顷圩
第五类（E类）		其他圩区（5 000 亩以下圩区）

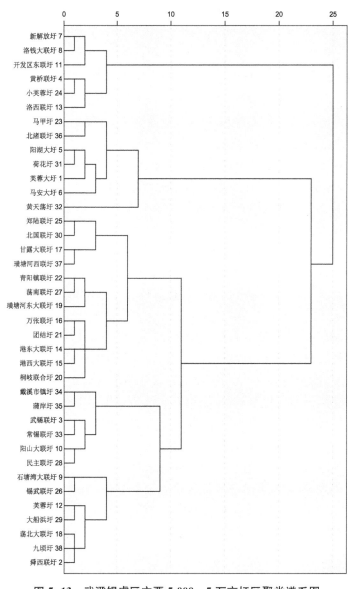

图 5-13　武澄锡虞区主要 5 000～5 万亩圩区聚类谱系图

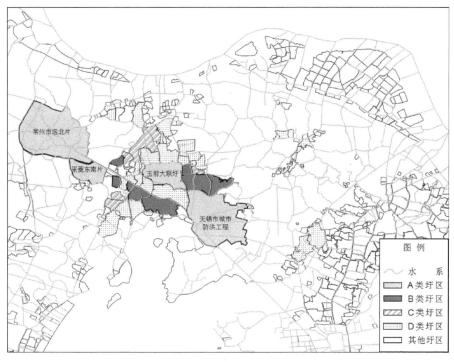

图 5-14　武澄锡虞区主要圩区分类图

5.4.2　圩区(城防)调蓄水深优化

根据 1989—2018 年逐日水位资料,常州(三)站非汛期多年平均水位为 3.37 m,无锡(大)站非汛期多年平均水位为 3.26 m。《常州市城市防洪规划修编报告(2017—2030年)》对城市大包围内部控制水位提出了要求,其中常州市运北片最低控制水位为 3.50～4.00 m,采菱东南片最低控制水位为 2.40～3.50 m,《无锡市城市防洪规划报告(2016—2030 年)》对城市大包围内部控制水位提出了要求,其中无锡运东大包围最低控制水位为3.20 m。本书将常州市运北片、无锡市运东大包围预降水位设置为在常州(三)站非汛期多年平均水位、无锡(大)站非汛期多年平均水位上适当下调,常州市采菱东南片预降水位设置为略低于常州市运北片,玉前大联圩预降水位设置为不低于其圩内控制水位下限。因此,综合考虑相关防洪规划等要求,对不同类型圩区(城防)的调蓄水深进行优化设计。

设计常州市运北片分别提前预降水位至 3.30 m、3.20 m、3.10 m,常州市采菱东南片分别提前预降水位至 3.20 m、3.10 m、3.00 m,无锡市城市防洪工程提前预降水位至3.20 m、3.10 m、3.00 m,玉前大联圩提前预降水位至 1.80 m、1.70 m;B 类圩区调蓄水深增加至0.5～0.7 m,C 类圩区调蓄水深增加至 0.5～0.6 m,D 类圩区调蓄水深增加至 0.4 m,E类圩区调蓄水深增加至 0.1～0.3 m,由此构成方案 a、方案 b、方案 c,详见表 5-4。

5.4.3　优化效果

同等初始水位和降雨条件时,区域防洪风险指数降低是区域蓄泄关系优化后的结果,见表 5-5。T5、T6、T23、T24、T27、T28 等典型情景下,方案 a、方案 b、方案 c 河网总体滞

表5-4 圩区(城防)增加调蓄方案表

类别	圩区名称	基础方案	圩内调蓄水位		
			方案a	方案b	方案c
第一类(A)	无锡市城市防洪工程、无锡市玉前大联圩、常州市运北片、常州市采菱东南片	不考虑城市防洪工程预降水位	常州市运北片提前预降水位至3.30 m;采菱东南片提前预降水位至3.20 m;无锡市城市防洪工程提前预降水位至3.20 m;玉前大联圩提前预降水位至1.80 m	常州市运北片提前预降水位至3.20 m;采菱东南片提前预降水位至3.10 m;无锡市城市防洪工程提前预降水位至3.10 m;玉前大联圩提前预降水位至1.80 m	常州市运北片提前预降水位至3.10 m;采菱东南片提前预降水位至3.00 m;无锡市城市防洪工程提前预降水位至3.00 m;玉前大联圩提前预降水位至1.70 m
第二类(B)	黄桥联圩、新解放圩、洛钱大联圩、开发区东联圩、洛西联圩、小芙蓉圩	调蓄水深0.2 m	调蓄水深0.5 m	调蓄水深0.6 m	调蓄水深0.7 m
第三类(C)	芙蓉大圩、阳湖大圩、马安大圩、马甲圩、荷花圩、黄天荡圩、北洛联圩	调蓄水深0.2 m	调蓄水深0.5 m	调蓄水深0.6 m	调蓄水深0.6 m
第四类(D)	舜丙联圩、武锡联圩、石塘湾大联圩、阳山大圩、港东大联圩、甘露大联圩、汤北大联圩、黄塘河东大联圩、桐岐联圩、青阳镇联圩、桐新联圩、团结圩、汤南联圩、郑陆联圩、锡武联圩、汤东联圩、民主联圩、大船浜圩、北国圩、常锡联圩、戴溪市镇圩、蒲岸圩、黄塘河西联圩、九顷圩	调蓄水深0.2 m	调蓄水深0.4 m	调蓄水深0.4 m	调蓄水深0.4 m
第五类(E)	其他圩区(5 000亩以下圩区)	调蓄水深0.1~0.2 m	调蓄水深0.1~0.3 m	调蓄水深0.1~0.3 m	调蓄水深0.1~0.3 m

表 5-5　区域蓄泄关系优化效果

情景编号	$t_1 - t_2$	方案	初始水位 (m)	区域累计降雨量 (mm)	时段末水位 (m)	区域滞蓄水量空间配比		区域蓄泄比 SDR	区域防洪风险指数 R	较基础方案防洪风险降低程度
						圩外河网滞蓄量占比 $P_{外}$	圩区（城防）滞蓄量占比 $P_{圩}$			
T5	2015年6月15-19日	基础方案	3.56	192.3	4.72	0.92	0.08	0.62	3.19	—
		方案 a			4.70	0.86	0.14	0.65	3.16	−0.8%
		方案 b			4.70	0.86	0.14	0.65	3.15	−1.2%
		方案 c			4.70	0.85	0.15	0.66	3.11	−2.5%
T6	2015年6月25-29日	基础方案	3.81	254.4	5.22	0.95	0.05	0.49	12.00	—
		方案 a			5.21	0.90	0.10	0.58	11.37	−5.2%
		方案 b			5.15	0.89	0.11	0.58	11.22	−6.5%
		方案 c			5.21	0.87	0.13	0.60	11.15	−7.1%
T23	2016年6月21日-7月5日	基础方案	3.71	445.1	5.57	0.95	0.05	0.26	31.58	—
		方案 a			5.57	0.91	0.09	0.29	31.36	−0.7%
		方案 b			5.58	0.92	0.08	0.29	31.17	−1.3%
		方案 c			5.58	0.91	0.09	0.29	31.58	−0.4%

（续表）

情景编号	$t_1 - t_2$	方案	初始水位 (m)	区域累计降雨量 (mm)	时段末水位 (m)	区域滞蓄水量空间配比		区域蓄泄比 SDR	区域防洪风险指数 R	较基础方案防洪风险降低程度
						圩外河网滞蓄量占比 $P_外$	圩区（城防）滞蓄量占比 $P_圩$			
T24	2016年7月 11~17日	基础方案	4.91	55.5	4.53	—	—	−0.09	3.98	—
		方案 a			4.51	—	—	−0.01	3.30	−17.1%
		方案 b			4.51	—	—	−0.01	3.34	−15.9%
		方案 c			4.51	—	—	−0.01	3.33	−16.3%
T27	2016年9月 28日~10月2日	基础方案	3.70	119.7	4.58	0.95	0.05	0.44	0.39	—
		方案 a			4.57	0.86	0.14	0.57	0.28	−30.3%
		方案 b			4.56	0.83	0.17	0.59	0.24	−38.6%
		方案 c			4.57	0.81	0.19	0.60	0.26	−33.1%
T28	2016年10月 20~29日	基础方案	3.77	226.6	4.64	0.94	0.06	0.26	0.97	—
		方案 a			4.63	0.86	0.14	0.31	0.80	−17.5%
		方案 b			4.62	0.83	0.17	0.32	0.77	−20.8%
		方案 c			4.62	0.84	0.16	0.33	0.78	−19.7%

注："—"表示该情景下区域全力排水，区域滞蓄水量为负值，$P_外$、$P_圩$ 不具有物理意义。

蓄水量较基础方案增加 2.8%～22.3%,滞蓄水量增加主要在城防及圩区,各方案 $P_{圩}$ 较基础方案增加 0.04～0.08,但 $P_{圩}$ 仍远小于圩区面积占比,即圩区(城防)单位面积滞蓄水量 $AS_{圩}$ 仍远小于圩外河网单位面积滞蓄水量 $AS_{外}$,这主要是由圩区本身调蓄能力小于圩外河网的特征决定的,也表明城防和圩区调蓄水量的增加总体在合理范围内。由于河网自身发挥了更大的调蓄作用,各方案区域蓄泄比 SDR 较基础方案有不同程度的增加。尽管河网总体滞蓄水量增加,但各方案下区域防洪风险指数 R 均有不同程度的减小,部分情景下 R 值较基础方案降低 15.9%～38.6%,该结果正是由于圩外河网、城防及圩区的合理调蓄而优化了区域洪涝水的时空分布,同时表明本书提出的水网区滞蓄有度技术在城市防洪工程和圩区建设程度较高的地区具有较好的应用效果。

5.5 小结

本章构建了区域蓄泄比 SDR、河网滞蓄状态 SST、圩外河网滞蓄量占比 $P_{外}$、圩区(城防)滞蓄量占比 $P_{圩}$、圩外河网单位面积滞蓄水量 $AS_{外}$、圩区(城防)单位面积滞蓄水量 $AS_{圩}$ 等指标,以定量分析区域蓄泄情况。① 河网初始水位是影响区域蓄泄比 SDR 的主要因素,其次为降雨量。当武澄锡虞区初始水位在多年平均水位以上且遭遇较大降雨时,SDR 在 0.16～1.89。其中,当区域初始水位超过3.60 m时,SDR 基本集中在 0.26～0.5;当区域初始水位为 3.30～3.60 m 时,SDR 与初始水位呈现一定负相关性。② 采用 $AS_{圩}/AS_{外}$ 评估圩外河网、圩区(城防)相对调蓄作用贡献大小,现状 $AS_{圩}/AS_{外}$ 大部分为 0.05～0.79,表明圩区(城防)的相对调蓄作用贡献量远小于圩外河网,在保证圩区自身防洪除涝安全的前提下,具有进一步挖掘的潜力。③ 采用系统聚类方法,将武澄锡虞区圩区分为 5 类,在保证圩区(城防)防洪除涝安全的前提下,通过增加圩区滞蓄水深、提前预降等策略,优化了区域洪涝水在圩外河网、城防及圩区等不同对象中的时空分布,部分情景下区域防洪风险指数 R 值较基础方案降低 15.9%～38.6%,表明本书提出的水网区滞蓄有度技术在城市防洪工程和圩区建设程度较高的地区具有较好的应用效果。

考虑到"内部调蓄"与"区域-长江水量交换"互相影响,为充分发挥优化区域内部调蓄的作用,建议联合沿江等水利工程有序调控,在优化区域内部调蓄关系的同时,增加洪涝水外排,进一步降低区域防洪风险。

6 武澄锡虞区多向分泄优化方案研究

6.1 合理泄洪概念

通过洪水调控,让洪水有出路、不成灾、能利用,一直是研究的热点问题,科学泄洪是实现合理调控流域洪涝、发挥水利工程减灾兴利综合效益的重要手段。为合理运用防洪工程,有计划地实时安排洪水以达到防洪最优效果,最大限度地减免洪水危害,同时适当兼顾其他综合利用要求,常用水位、流量、水位流量混合指标、设计标准等作为洪水调控的指标,常用削峰率最大、成灾历时最短、分洪量最小、洪灾损失最小、防洪系统安全度最大等作为洪水调控的目标。李兴学[57]以钱塘江流域为背景,以水位指标作为水库防洪调度规则,开展水库群预报调度技术研究。张清武[58]从为清河水库选择最优的调度方式出发,选用净雨、水位、流量作为水库防洪预报调度方式的判别指标。李志远[59]以水库水位消落深度、汛限水位恢复时间、最高水位变幅、削峰幅度等为防洪风险调度评价指标,构建了大清河流域水库系统防洪调度风险评价指标体系。王俊等[60]在分析三峡水库蓄泄影响时发现,三峡水库在2009年8月及2010年对汛期上游发生的洪水实施拦洪错峰调度,发挥了较大的防洪作用。王殿武等[61]总结出辽河流域"泄水迎洪、蓄洪错峰、制订预案、万无一失、河库联合、调控洪水"的防洪调度新方式。徐金龙[62]分析发现对1954年型洪水采取预降措施可降低无锡水位10~20 cm,大大缓解无锡市防汛压力。胡炜[18]根据太湖流域防洪调度实际情况,考虑超警戒水位变量、闸门开启频次、圩区被淹没历时等目标,建立太湖流域防洪调度模型评价指标体系。

合理泄洪主要是指通过工程调控手段,使得区域、城市、圩区不同层面的洪涝水可以有序排出,得到有限工程条件下的防洪效益最大化,区域、城市、圩区防洪安全得到不同程度的提升。调控往往面临"两难"问题的解决,其基本原则是坚持统揽全局、统筹兼顾。协调区域、城市、圩区防洪安全的核心问题是蓄泄兼筹,滞蓄有度,有序泄水。尤其是平原河网区具有河道密布、地势低平、河道普遍坡降小、流速慢、水位易涨难消的特点,汛期合理利用洪水与涝水形成的时差,错时错峰调度,实现有序调控显得尤为重要。滞蓄有度已经在前述章节做了研究,本章讨论的重点是如何实现错峰排水、有序泄水。

武澄锡虞区是典型的平原河网区,地势总体呈四周高、腹部低的"锅底"形态。本区除受西侧湖西高地洪水的侵袭外,区域内部武澄锡低片易受东部澄锡虞高片洪水倒灌,北部及南侧又分别受长江洪潮和太湖高水的影响,境内洪涝灾害频繁。区域内苏、锡、常三市经济发达,一旦发生洪涝灾害,经济损失巨大。1991 年大水后,治太骨干工程陆续开工,流域环太湖大堤全面建成,加上长江堤防和武澄锡西控制线,有效控制了太湖、长江和湖西洪水入侵;武澄锡虞区内部完成了武澄锡引排工程,包括白屈港枢纽及河道、澡港枢纽及河道、新夏港枢纽及河道等骨干工程建设。目前,武澄锡虞区基本形成以依托流域骨干工程为主体、区域骨干河道和平原区各类闸站等工程组成的"北排长江、南排太湖、东排望虞河、沿运河下泄"的防洪保安工程体系,区域防洪除涝能力总体达到 30 年一遇左右。

但随着经济社会的快速发展,武澄锡虞区社情、工情、水情发生了较大变化,特别是进入 21 世纪后,无锡、常州等各地相继兴建城市防洪大包围,区域内部排涝动力和不透水面积不断增加。加之 2007 年以来为保护太湖(梅梁湖)水环境,区域对排水入湖实行更为严格的控制,进一步加剧了区域内排与外排能力不协调,尤其外排能力严重不足的矛盾,一旦发生强降雨即呈现河网涨水更快、水位更高等新特点,区域防洪压力不断加大。近年来,区域呈现出暴雨更集中、强度更大的特点,加之区域内上下游城市间、城市与区域间、城市与圩区间、圩区与圩区间防洪调度缺乏统筹协调,易造成洪涝抢道,城市和圩区集中排水导致外河水位迅速壅高等情况,苏南运河沿线尤为明显。鉴于武澄锡虞区开发程度高,新建外排河道工程的难度较大,本章立足区域整体防洪安全,通过合理调度水利工程,寻找更优的洪涝水分泄方案。

6.2　区域分向泄水现状分析

6.2.1　典型情景构建

情景构建方法同 5.2.1 章节。

6.2.2　计算模拟工况

据了解,2015 年、2016 年大洪水后,武澄锡虞区各地加快了防洪除涝工程建设,随着新沟河延伸拓浚工程、锡澄运河定波水利枢纽扩建、采菱港马杭枢纽、无锡大河港泵站工程、无锡运东大包围高桥闸站工程建设等完工,区域层面防洪除涝能力得到进一步提升。

为全面反映区域调控现状,在 2015 年、2016 年实况降雨下针对两类工况进行分析:工况一是指 2016 年当年的实际工况,简称"实际工况",用于分析当年实际调度下的安全状况;工况二是充分考虑研究期间区域防洪除涝规划工程建设进展,在 2016 年实际工况基础上,新增新沟河延伸拓浚工程、锡澄运河定波水利枢纽扩建、采菱港马杭枢纽、无锡大河港泵站工程、无锡运东大包围高桥闸站工程建设等 6 项已完工的节点工程,简称"优化工况",用于分析规则调度下的安全状况。

6.2.3　洪涝水分泄分析指标

为定量分析武澄锡虞区调控情况,筛选提出洪涝水分泄分析的表征因子,重点包括代表站水位安全度、区域排洪有序度、外排工程排洪能力适配度等。

1. 代表站水位安全度 ZF

代表站水位安全度即防洪代表站 i 的水位与防洪保证水位的差值在防洪保证水位中

的占比,表征该站水位安全程度,其计算公式如下:

$$ZF_i = \frac{Z_i^{FG} - Z_i}{Z_i^{FG}}$$

式中:Z_i 为当前时刻防洪代表站 i 的水位;Z_i^{FG} 为防洪代表站的保证水位。防洪代表站 ZF_i 值为 $0\sim1$,其值越大,表明该站当前防洪安全程度越高。当 $ZF_i = 0$ 时,该站水位刚好等于保证水位,认为处于"适配"与"不适配"的临界点。当 $ZF_i < 0$ 时,表明存在一定防洪风险,其绝对值越大,代表防洪风险越高。

当同时存在 n 个代表站时,取算术平均值代表片区整体的水位安全度,即

$$ZF = \frac{\sum_{i=1}^{n} ZF_i}{n}$$

2. 区域排洪有序度 DS

从宏观层面看,防洪除涝调控有序的目标简单来讲就是每个区域将洪水排出,因此采用累计到当前时刻该区域总体上的排洪方向是否是往区域外排水来评价区域的排洪有序度,其计算公式如下:

$$DS_i = \frac{W_i^O - (W_i^I + W_i^G)}{W_i^O}$$

式中:W_i^O 为累计到当前时刻区域 i 的外排水量;W_i^G 为累计到当前时刻区域 i 的本地产水量;W_i^I 为累计到当前时刻区域 i 的其他区域来水量。DS_i 值越大,表明排洪有序度越高。当 $DS_i = 0$ 时,即 $W_i^O = W_i^I + W_i^G$,外排水量等于来水量与产水量之和,认为处于"适配"与"不适配"的临界点。

3. 外排工程排洪能力适配度 DF

采用区域主要外排工程的泄流状态、运行效率来表征当前该工程的排洪能力,外排工程排洪能力适配度由外排工程控制断面实际泄流水量与工程设计最大过流水量的比值来表达,同时考虑流域与区域洪水规模对该指标的影响。该指标是从工程运行角度衡量洪水外排适配程度,其计算公式如下:

$$DF_i = Q_i/Q_i^D \, (Z_i/Z_i^{FG})^{-1}$$

式中:Q_i 为外排站点 i 控制断面实际泄流流量;Q_i^D 为外排站点 i 最大设计过流流量;Z_i 为区域代表站实际水位。排洪工程 DF_i 值越大,表明该工程当前排洪能力适配度越高。当 $DF_i = 0.6$ 时,认为排洪能力处于"适配"与"不适配"的临界点。

6.2.4 成果分析

6.2.4.1 流域-区域-城区水位安全状况

平原河网地区防洪除涝安全程度集中反映在河道水位变化上,因此本节以水位安全度 ZF 值大小来评估流域-区域-城区防洪除涝安全状况。其中,流域水位安全状况 $ZF_{流域}$ 用流域水资源调配中心太湖的水位安全度来表征;区域水位安全状况 $ZF_{区域}$ 用区域

代表站常州(三)站、无锡(大)站、青阳站、陈墅站 4 站的水位安全度算术平均值来表征,常州(三)站、无锡(大)站均位于运河沿线,二者水位安全度的算术平均值又可表征运河沿线地区的水位安全状况,青阳站、陈墅站分别位于武澄锡低片和澄锡虞高片,其水位安全度可分别代表相应片区的水位安全状况,二者的算术平均值可表征区域河网的水位安全状况;城区水位安全状况 $ZF_{城区}$ 用城市大包围内常州三堡街站、无锡南门站 2 站的水位安全度算术平均值来表征。采用警戒水位对应的水位安全度 $ZF_{警戒}$ 值进一步分析不同层面防洪除涝安全程度,当 $ZF>ZF_{警戒}$ 时,其防洪除涝安全程度较好。此外,当且仅当 $ZF_{流域}$、$ZF_{区域}$、$ZF_{城区}$ 同时满足 $ZF>ZF_{警戒}$,即均大于相应层面警戒水位所处水位安全度 $ZF_{警戒}$ 时,流域、区域、城区调控协调程度为优良。

基于 2015 年、2016 年 30 个典型情景的数模模拟分析发现,实际工况下,当平均日降雨量较小(<25 mm,24 个情景)时,除个别情景如 T24 外,$ZF_{流域}$、$ZF_{区域}$、$ZF_{城区}$ 均大于 0,表明流域、区域、城区防洪除涝安全不存在显著风险。进一步分析流域、区域、城区水位安全度与警戒水位所处安全度的关系,可以发现:$ZF_{城区}$ 普遍高于警戒水位对应的水位安全度,$ZF_{区域}$ 在个别情景(T4、T7、T8)下略低于警戒水位对应的水位安全度,尤其是运河沿线水位安全度不高;$ZF_{流域}$ 在个别情景(T7、T8、T9、T25、T29)下明显低于警戒水位对应的水位安全度。由此判断,当平均日降雨量较小(<25 mm)时,城区防洪除涝安全程度较好。当时段累计降雨量偏大(T4 时段累计降雨量较大,为 166.9 mm,是其他时段均值的 3 倍左右)或者时段初始水位偏高(T7、T8、T9、T25、T29 的区域平均水位 $Z_{区域}>$ 3.80 m)时,区域层面和流域层面则存在一定的防洪风险,尤以运河沿线较为突出。当平均日降雨量较大(>25mm,6 个情景)时,流域、区域、城区防洪除涝安全存在不同程度的风险。情景 T26、T27、T28 下 $ZF_{流域}$、$ZF_{区域}$、$ZF_{城区}$ 均大于 0,流域、区域、城区防洪除涝安全总体尚可,其中情景 T27、T28 下运河沿线水位安全度 $ZF_{运河沿线}$ 为 −0.01,运河沿线存在一定的防洪风险;情景 T5、T6、T23 下 $ZF_{流域}$、$ZF_{城区}$ 均大于 0,但 $ZF_{区域}$ 为 −0.01~ −0.18,流域整体及城区防洪除涝安全尚可,区域层面存在一定的防洪风险,其中以 T23 最为不利,该情景下 $ZF_{流域}$ 为 0,$ZF_{城区}$ 为 0.05,$ZF_{区域}$、$ZF_{运河沿线}$、$ZF_{区域河网}$ 分别为 −0.18、−0.25、−0.10,区域特别是运河沿线存在较大的防洪风险。

基于 2015 年、2016 年 30 个典型情景的数模模拟分析发现,优化工况下流域、区域、城区水位安全状况略优于实际工况,优化工况下 $ZF'_{流域}$、$ZF'_{区域}$、$ZF'_{城区}$ 较实际工况升高约 0.02。详见表 6-1。

6.2.4.2 区域洪水外排状况

基于 2015 年、2016 年 30 个典型情景模拟计算不同工况下的区域排洪有序度 DS(表 6-2),分析发现:实际工况下区域排洪有序度 DS 为 −0.89~0.55,优化工况下区域排洪有序度 DS' 为 −0.71~0.60,较实际工况下平均升高 0.11。以"排洪有序度大于等于 0"作为工程调控与洪水规模相适配的评判标准,实际工况下 T7~T9、T16、T18、T19、T22、T24、T25、T29、T30 共 11 个情景的工程调控与洪水规模相适配;优化工况下区域排洪有序度普遍得到提升,除上述 11 个情景外,新增 T3、T11~T15、T17 共 7 个情景的区域排洪有序度大于 0,工程调控与洪水规模相适配的情景增加为 18 个。由此可见,优化工况在增加区域排洪能力的同时促进了区域洪水有序外排。

表6-1 不同工况下武澄锡虞区流域-区域-城区水位安全状况

情景编号	降雨特征				实际工况下流域-区域-城市水位安全度 ZF					优化工况下流域-区域-城市水位安全度 ZF'				
	t_1-t_2	区域累计雨量(mm)	平均日降雨量(mm)	雨强类型	流域	运河沿线	区域河网	平均	城区	流域	运河沿线	区域河网	平均	城区
						区域	区域				区域	区域		
T1	2015年3月17—21日	59.8	15.0	中雨	0.31	0.19	0.21	0.20	0.17	0.31	0.21	0.23	0.22	0.18
T2	2015年4月2—8日	68.4	11.4	中雨	0.27	0.17	0.20	0.18	0.14	0.27	0.20	0.23	0.21	0.17
T3	2015年5月15—19日	36.1	9.0	小雨	0.30	0.21	0.25	0.23	0.19	0.31	0.24	0.27	0.25	0.21
T4	2015年5月27日—6月4日	166.9	20.9	中雨	0.31	0.11	0.15	0.13	0.10	0.31	0.11	0.13	0.12	0.08
T5	2015年6月15—19日	192.3	48.1	大雨	0.26	-0.04	0.03	-0.01	0.00	0.25	-0.03	0.01	-0.01	0.00
T6	2015年6月25—29日	254.4	63.6	暴雨	0.19	-0.13	-0.05	-0.09	0.07	0.18	-0.13	-0.07	-0.10	0.08
T7	2015年7月6—12日	44.4	7.4	小雨	0.09	0.07	0.19	0.13	0.17	0.09	0.10	0.16	0.13	0.17
T8	2015年7月16—20日	36.7	9.2	小雨	0.09	0.10	0.20	0.15	0.10	0.08	0.10	0.16	0.13	0.09
T9	2015年7月23—28日	31.3	6.3	小雨	0.09	0.12	0.22	0.17	0.12	0.09	0.13	0.20	0.16	0.12
T10	2015年8月9—13日	67.0	16.8	中雨	0.21	0.16	0.21	0.18	0.12	0.21	0.16	0.21	0.19	0.13
T11	2015年8月22—26日	58.3	14.6	中雨	0.22	0.19	0.21	0.20	0.16	0.22	0.20	0.23	0.21	0.17
T12	2015年9月4—7日	51.6	17.2	中雨	0.24	0.19	0.21	0.20	0.16	0.25	0.21	0.23	0.22	0.17
T13	2015年9月28日—10月2日	45.8	11.5	中雨	0.27	0.19	0.22	0.20	0.16	0.27	0.19	0.22	0.21	0.16
T14	2015年11月12—19日	51.1	7.3	小雨	0.28	0.21	0.21	0.21	0.18	0.28	0.23	0.25	0.24	0.20
T15	2015年12月9—12日	20.5	6.8	小雨	0.26	0.22	0.23	0.23	0.19	0.26	0.24	0.26	0.25	0.21
T16	2016年1月4—7日	13.4	4.5	小雨	0.27	0.24	0.24	0.24	0.21	0.27	0.27	0.28	0.27	0.24

（续表）

情景编号	t_1-t_2	降雨特征			实际工况下流域-区域-城市水位安全度 ZF					优化工况下流域-区域-城市水位安全度 ZF'				
		区域累计雨量(mm)	平均日降雨量(mm)	雨强类型	流域	区域			城区	流域	区域			城区
						运河沿线	区域河网	平均			运河沿线	区域河网	平均	
T17	2016年4月5—9日	39.5	9.9	中雨	0.32	0.19	0.22	0.20	0.16	0.31	0.21	0.25	0.23	0.18
T18	2016年4月15—27日	96.9	8.1	小雨	0.26	0.16	0.20	0.18	0.14	0.25	0.20	0.23	0.21	0.17
T19	2016年5月8—12日	22.7	5.7	小雨	0.25	0.19	0.23	0.21	0.16	0.25	0.21	0.24	0.22	0.17
T20	2016年5月18—23日	78.5	15.7	中雨	0.26	0.17	0.21	0.19	0.14	0.25	0.17	0.21	0.19	0.14
T21	2016年5月27日—6月3日	62.5	8.9	小雨	0.20	0.14	0.18	0.16	0.11	0.19	0.15	0.20	0.17	0.12
T22	2016年6月8—13日	52.3	10.5	中雨	0.19	0.15	0.18	0.17	0.13	0.17	0.15	0.20	0.18	0.12
T23	2016年6月21日—7月5日	445.1	31.8	大雨	0.00	-0.25	-0.10	-0.18	0.05	-0.03	-0.21	-0.05	-0.13	0.02
T24	2016年7月11—17日	55.5	9.3	小雨	-0.04	-0.06	0.03	-0.01	0.16	-0.02	0.02	0.12	0.07	0.08
T25	2016年8月2—8日	52.5	8.8	小雨	0.15	0.15	0.20	0.17	0.13	0.16	0.18	0.22	0.20	0.15
T26	2016年9月14—18日	146.5	36.6	大雨	0.24	0.06	0.11	0.09	0.06	0.23	0.05	0.11	0.08	0.09
T27	2016年9月28日—10月2日	119.7	29.9	大雨	0.18	-0.01	0.07	0.03	0.06	0.17	0.02	0.11	0.06	0.08
T28	2016年10月20—29日	226.6	25.2	大雨	0.11	-0.01	0.03	0.01	0.09	0.13	0.04	0.12	0.08	0.08
T29	2016年11月7—10日	36.0	12.0	中雨	0.14	0.14	0.16	0.15	0.19	0.17	0.18	0.23	0.20	0.15
T30	2016年12月25—29日	19.8	5.0	小雨	0.28	0.23	0.25	0.24	0.20	0.29	0.26	0.28	0.27	0.24
警戒水位对应水位安全度 $ZF_{警戒}$					0.18	0.12	0.15	0.14	0.10	0.18	0.12	0.15	0.14	0.10

表6-2 不同工况下武澄锡虞区排洪状况

情景编号	t_1—t_2	时段初区域平均水位(m)	实际工况						优化工况					
			北排长江水量(m³)	东排望虞河水量(m³)	南排太湖水量(m³)	排入运河水量(m³)	总外排水量(m³)	排洪有序度	北排长江水量(m³)	东排望虞河水量(m³)	南排太湖水量(m³)	排入运河水量(m³)	总外排水量(m³)	排洪有序度
T1	2015年3月17—21日	3.31	5 458	3 512	172	3 083	12 224	−0.89	10 364	2 282	28	3 798	16 473	−0.44
T2	2015年4月2—8日	3.47	10 990	8 938	265	3 676	23 869	−0.27	13 950	7 171	41	3 102	24 264	−0.25
T3	2015年5月15—19日	3.39	2 912	6 755	132	3 043	12 842	−0.01	5 946	4 640	17	2 853	13 456	0.09
T4	2015年5月27—6月4日	3.47	17 556	14 417	1 162	7 114	40 249	−0.48	17 598	12 606	460	7 573	38 237	−0.49
T5	2015年6月15—19日	3.56	30 451	14 334	7 677	4 132	56 593	−0.36	28 674	12 011	8 633	5 918	55 235	−0.35
T6	2015年6月25—29日	3.81	43 941	18 561	13 280	5 607	81 390	−0.69	41 925	16 151	11 823	7 038	76 937	−0.71
T7	2015年7月6—12日	4.04	18 623	8 821	1 167	2 725	31 336	0.11	17 546	4 963	21	5 168	27 699	0.08
T8	2015年7月16—20日	3.90	18 858	6 208	143	3 651	28 861	0.19	15 828	3 396	21	4 071	23 316	0.06
T9	2015年7月23—28日	3.90	15 385	8 487	134	4 003	28 009	0.32	17 753	4 169	21	4 127	26 070	0.29
T10	2015年8月9—13日	3.62	10 934	8 603	86	2 301	21 923	−0.13	13 598	4 757	14	2 611	20 980	−0.15
T11	2015年8月22—26日	3.66	5 996	7 613	78	2 023	15 709	−0.05	10 621	4 312	12	1 864	16 809	0.02
T12	2015年9月4—7日	3.62	5 099	4 367	36	2 687	12 189	−0.09	10 463	3 371	9	2 498	16 342	0.18
T13	2015年9月28日—10月2日	3.57	6 823	3 247	79	3 391	13 541	−0.12	10 485	3 682	12	3 524	17 703	0.12
T14	2015年11月12—19日	3.50	2 958	1 189	125	5 875	10 148	−0.71	13 805	2 685	18	4 951	21 458	0.13
T15	2015年12月9—12日	3.54	1 371	2 704	71	2 777	6 924	−0.07	7 338	1 777	10	1 960	11 085	0.22
T16	2016年1月4—7日	3.45	1 666	1 510	37	2 511	5 724	0.55	9 160	1 492	6	1 824	12 482	0.60

（续表）

情景编号	t_1-t_2	时段初区域平均水位(m)	实际工况						优化工况					
			北排长江水量(m³)	东排望虞河水量(m³)	南排太湖水量(m³)	排入运河水量(m³)	总外排水量(m³)	排洪有序度	北排长江水量(m³)	东排望虞河水量(m³)	南排太湖水量(m³)	排入运河水量(m³)	总外排水量(m³)	排洪有序度
T17	2016年4月5—9日	3.48	5 337	4 486	145	3 739	13 707	−0.02	10 309	5 763	21	3 762	19 854	0.23
T18	2016年4月15—27日	3.60	10 526	19 902	270	8 966	39 665	0.02	20 364	14 421	39	7 844	42 669	0.09
T19	2016年5月8—12日	3.61	3 741	6 551	110	2 703	13 105	0.11	8 561	4 578	13	2 663	15 815	0.33
T20	2016年5月18—23日	3.63	7 414	10 000	151	3 908	21 474	−0.19	13 269	7 049	27	3 931	24 276	−0.04
T21	2016年5月27—6月3日	3.64	12 340	12 835	789	3 778	29 741	−0.19	20 964	9 184	58	3 672	33 878	−0.05
T22	2016年6月8—13日	3.84	9 136	8 903	540	1 689	20 269	0.05	17 607	5 907	49	948	24 511	0.12
T23	2016年6月21日—7月5日	3.71	93 624	33 679	24 986	10 388	162 677	−0.21	118 123	33 474	12 498	12 011	176 106	−0.09
T24	2016年7月11—17日	4.71	32 622	7 430	539	9 165	49 757	0.31	27 869	4 600	13	4 763	37 245	0.13
T25	2016年8月2—8日	3.88	8 278	9 501	170	1 635	19 583	0.30	14 180	4 847	7	1 901	20 936	0.28
T26	2016年9月14—18日	3.51	18 074	9 289	1 842	3 763	32 968	−0.51	28 797	8 382	736	5 017	42 931	−0.18
T27	2016年9月28—10月2日	3.70	24 486	11 322	5 166	5 671	46 644	−0.20	33 382	9 781	1 123	4 948	49 234	−0.14
T28	2016年10月20—29日	3.77	44 924	24 875	8 489	6 043	84 331	−0.17	67 689	17 733	1 072	5 208	91 702	−0.09
T29	2016年11月7—10日	3.93	12 228	8 719	360	1 155	22 462	0.43	13 666	4 358	22	473	18 519	0.28
T30	2016年12月25—29日	3.45	5 673	2 846	83	3 546	12 148	0.48	10 702	1 983	12	2 542	15 239	0.49

6.2.4.3 优化潜力分析

采用偏相关分析法对 2015 年、2016 年 30 个典型情景不同工况下区域排洪有序度与区域水位安全度、时段累计降雨量、时段初区域平均水位四者间的相关性进行分析，详见表 6-3、表 6-4。分析发现，实际工况下区域排洪有序度、区域水位安全度均与时段初区域平均水位、时段累计降雨量存在相关性，显著性检验 $P<0.05$。其中，区域排洪有序度与时段初始水位呈正相关，与时段累计降雨量呈负相关；从相关系数数值大小来看，区域排洪有序度与时段初始水位的相关性更强。可见，实际工况下水利工程更多地是按照时段初始水位进行调度，时段初始水位越高，水利工程外排能力发挥越充分，相应的区域排洪有序度越高。而区域水位安全度更多地与时段累计降雨量大小有关，时段累计降雨量越大，区域水位安全越难以实现。此外，区域排洪有序度与区域水位安全度两者间不存在显著相关性，其零阶相关系数为 0.196（显著性检验 $P>0.05$），二阶相关系数为 0.373（显著性检验 $P>0.05$），这说明区域水位安全度的提升不能仅仅依靠工程调度措施，还需同步补齐工程短板。

表 6-3　实际工况下区域排洪有序度与区域水位安全度相关性分析

控制变量			区域排洪有序度	区域水位安全度	时段初区域平均水位	时段累计降雨量
一无一[a]	区域排洪有序度	相关系数	1	0.196	0.57	−0.406
		显著性（双尾）	.	0.3	0.001	0.026
		df	0	28	28	28
	区域水位安全度	相关系数	0.196	1	−0.414	−0.876
		显著性（双尾）	0.3	.	0.023	0
		df	28	0	28	28
	时段初区域平均水位	相关系数	0.57	−0.414	1	0.014
		显著性（双尾）	0.001	0.023	.	0.94
		df	28	28	0	28
	时段累计降雨量	相关系数	−0.406	−0.876	0.014	1
		显著性（双尾）	0.026	0	0.94	.
		df	28	28	28	0
时段初区域平均水位 & 时段累计降雨量	区域排洪有序度	相关系数	1	0.373		
		显著性（双尾）	.	0.051		
		df	0	26		
	区域水位安全度	相关系数	0.373	1		
		显著性（双尾）	0.051	.		
		df	26	0		

注：一无一[a] 即表示零阶皮尔逊（Pearson）相关系数，下同。

表 6-4   优化工况下区域排洪有序度与区域水位安全度相关性分析

控制变量			区域排洪有序度	区域水位安全度	时段初区域平均水位	时段累计降雨量
一无一[a]	区域排洪有序度	相关系数	1	0.609	0.051	−0.573
		显著性（双尾）	.	0	0.788	0.001
		df	0	28	28	28
	区域水位安全度	相关系数	0.609	1	−0.442	−0.868
		显著性（双尾）	0	.	0.015	0
		df	28	0	28	28
	时段初区域平均水位	相关系数	0.051	−0.442	1	0.093
		显著性（双尾）	0.788	0.015	.	0.626
		df	28	28	0	28
	时段累计降雨量	相关系数	−0.573	−0.868	0.093	1
		显著性（双尾）	0.001	0	0.626	.
		df	28	28	28	0
时段初区域平均水位 & 时段累计降雨量	区域排洪有序度	相关系数	1	0.544		
		显著性（双尾）	.	0.003		
		df	0	26		
	区域水位安全度	相关系数	0.544	1		
		显著性（双尾）	0.003	.		
		df	26	0		

优化工况下，区域排洪有序度与区域水位安全度、时段累计降雨量存在显著相关性，其零阶相关系数分别为 0.609、−0.573（显著性检验 $P<0.05$），与时段初区域平均水位不存在显著相关性，其零阶相关系数为 −0.051（显著性检验 $P>0.05$）；在剔除"时段初区域平均水位""时段累计降雨量"影响下，区域排洪有序度与区域水位安全度间的相关性有所下降，但仍存在显著相关关系，二阶相关系数为 0.544（显著性检验 $P<0.05$）。水利工程调度主要以预设的参考站水位控制值为主要约束，参考站水位变化又受时段降雨和调度作用的影响，区域排洪有序度受时段初始水位的影响较小，主要受时段累计降雨量的影响，且时段累计降雨量越大，区域排洪有序度越低。此外，区域排洪有序度与区域水位安全度呈显著相关性，排洪有序度越高，水位安全度也越高，这充分反映了平原河网水位对于水利工程调度响应强烈的特征，同时说明优化工况下，区域河湖水系连通工程的实施和调度对于区域防洪安全保障是有利的。

6.3 优化思路

统计分析区域不同分泄方向上的排洪(涝)能力,按照排洪(涝)能力大小进行排序,确定可调控方向和调控优化的优先顺序。2016 年,受超强厄尔尼诺影响,太湖流域发生了特大洪涝,流域年降雨量为 1 792.4 mm,较常年同期偏多 47.1%,创历史新高,汛期降雨量为 1 088.0 mm,较常年同期偏多 50.1%,位列历史第 3 位;武澄锡虞区最大 7 日降雨量为 294.5 mm,约为 22 年一遇,最大 15 日降雨量为 457.0 mm,约为 60 年一遇。对于武澄锡虞区,2016 年常州市梅雨期遭受三轮区域性暴雨的袭击(6 月 21—22 日、27—29 日、7 月 1—3 日),其中第三轮强降雨持续时间长、分布广、雨区重叠,常州梅雨量为656.7 mm,是常年同期的 2.8 倍,仅次于 1991 年,为历史第 2 位。

情景 T23 模拟时段为 2016 年 6 月 21 日—7 月 5 日,基本涵盖了武澄锡虞区梅雨期的三轮区域性暴雨,该情景下的区域水位安全度在 30 个典型情景中最低,其不同工况下模拟分析结果见表 6-5、表 6-6。实际工况下,情景 T23 区域时段外排总量低于区域时段产水量与区域外来水量之和,排洪有序度为−0.21;优化工况下区域时段外排总量较实际工况增加 1.34 亿 m³,外排总量低于区域时段产水量与区域外来水量之和,排洪有序度为−0.09。从分向排水情况来看,区域排洪以北排为主,北向排水量占区域总外排水量的58%~67%;东排次之,东向排水量占区域总外排水量的 19%~21%。优化工况较实际工况新增了北向泵排能力,北排水量增加 2.45 亿 m³,南排水量减少 1.25 亿 m³,东排水量无明显变化。相应地,北向外排工程排洪能力适配度为 0.21~0.30,较实际工况有所提升,但距离排洪能力适配临界值 0.60 尚有一定差距。对比分向排水工程排洪能力适配度,可知无论是实际工况下,还是优化工况(考虑了部分在建新建工程)下,东向排水工程排洪能力适配度均高于北向和南向,说明目前区域东排望虞河的潜力基本已经得到较好的发挥,重点应挖掘北排长江和南排太湖的潜力,但是鉴于南排太湖与太湖水环境治理存在政策上的冲突,因此应重点挖掘北向排水的潜力。

表 6-5　情景 T23 武澄锡虞区调控状态指标分析

情景 T23		实际工况		优化工况	
时段累计降雨量(mm)		445.1			
时段产水量(m³)		170 406			
湖西区来水(m³)		26 993		20 811	
区域外排水量(m³)	北排长江	93 624	58%	118 123	67%
	东排望虞河	33 679	21%	33 474	19%
	南排太湖	24 986	15%	12 498	7%
	排入运河	10 388	6%	12 011	7%
	区域外排总量	162 677	100%	176 106	100%
区域排洪有序度 DS		−0.21		−0.09	

情景 T23		实际工况	优化工况
水位安全度 ZF	流域	−0.004	−0.033
	区域	−0.178	−0.129
	运河沿线	−0.253	−0.209
	区域河网	−0.104	−0.049
	城区	0.047	0.022

表 6-6　情景 T23 武澄锡虞区各向外排能力适配情况

区域外排工程			外排流量（m^3/s）	代表站保证水位（m）	代表站实际水位（m）	外排工程排洪能力适配度 DF
实际工况	北向	武澄锡低片沿江工程	346.4	4.85	4.92	0.20
		澄锡虞高片沿江工程	192.1	4.50	4.87	0.23
	南向	常州地区环湖口门	108.3	4.80	6.38	0.22
		无锡地区环湖口门	56.5	4.53	4.94	0.07
	东向	望虞河西岸口门	183.7	4.53	4.94	0.36
优化工况	北向	武澄锡低片沿江工程	366.6	4.85	4.92	0.21
		澄锡虞高片沿江工程	248.7	4.50	4.87	0.30
	南向	常州地区环湖口门	53.8	4.80	6.38	0.11
		无锡地区环湖口门	32.2	4.53	4.94	0.04
	东向	望虞河西岸口门	171.7	4.53	4.94	0.32

　　考虑到现状武澄锡虞区具有北、东、南三个排水方向,武澄锡虞区沿江工程较多,且具备较好的泵排能力①,综合上述分析,北向排水具有优化的潜力和条件,因此优先对北排方向调度进行优化研究,重点通过调整泵站开启度和开启条件以及与城防工程联动来进一步挖掘和发挥区域北向排水能力。东排方向现状排水工程排洪能力适配度高于北向、南向,东向外排能力已得到较好发挥,重点分析望虞河沿线蠡河船闸分泄运河洪水的作用,探讨蠡河船闸调度优化的必要性和可行性。南排方向受太湖水生态环境保护要求限制,主要以维持现状调度为主,在北排优化的前提下,分析南排水量的变化。此外,实际调度中发现钟楼闸启用对缓解区域骨干河道、运河的水位上升有一定作用,通过研究调整钟楼闸启用条件来进一步发挥上游挡洪的作用。分向泄水优化研究以情景 T23 为例开展模拟分析。

---

　　①　武澄锡虞区沿长江具有泵排能力的闸站主要有澡港枢纽、老桃花港排涝站、新沟河江边枢纽、新夏港枢纽、定波枢纽、白屈港枢纽、大河港泵站 7 座,总泵排能力约 585 m^3/s。

6.4 分向泄水优化研究

6.4.1 北排优化方案研究

6.4.1.1 优化策略

由前述分析可知,优化工况较实际工况增加了北排能力,提升了区域排洪有序度,对区域有序泄水更有利,因此本节在优化工况的基础上,基于分片治理方案,按照流域骨干工程总体调度原则,开展调控有序方案研究。

1. 优化策略 1

根据《苏南运河区域洪涝联合调度方案(试行)》,当无锡(大)站水位高于 4.50 m 时,直湖港闸开闸向太湖排水。但在近几年的实际调度中,直至无锡水位达到 5.00 m 时直武地区环湖口门才开闸泄洪。通过分析 2011—2017 年直武地区水位与无锡(大)站水位关系可知,直武地区水位为 4.50 m 附近时,相应无锡水位在 4.39 m 附近(4.24～4.59 m),低于相关调度方案提出的调度参考水位,远低于近年实际调度参考水位,表明新沟河工程初设阶段提出的直武地区环湖口门入湖参考水位偏低。并且新沟河延伸拓浚工程实施为直武地区洪水北排创造了条件,可进一步优化直武地区防洪除涝格局。因此,优化策略 1 主要基于增加直武地区涝水北排目标,研究适当抬高直湖港闸、武进港闸向太湖排水的调度参考水位,在不显著增加区域防洪压力的条件下,尽可能促使洪涝水北排。

本书采用 2010—2017 年运河常州站、洛社站及黄埝桥站三站实测水位,通过线性插值近似反映直武地区水位,分析不同入湖控制水位条件下,直武地区排水入湖时间变化,以分析策略可行性,详见表 6-7。由表可知,直湖港闸、武进港闸可排水入湖时间随控制水位的抬升而减少,表明抬高直武地区入湖水位可以减少区域涝水入湖时间,在一定程度上对于增加区域北排、减缓太湖水位上涨是有利的。

表 6-7　直武地区不同控制水位情况下入湖年数统计

项目	入湖控制水位			
	4.50 m	4.70 m	4.80 m	4.90 m
可入湖年数(年)	5	3	3	2

因此,从增加地区涝水北排的角度看,考虑直武地区洪水维持北排,即分别抬高直武地区入太湖的调度参考水位至 4.70 m(接近 10 年一遇水位)、4.80 m(介于 10 年一遇水位和 20 年一遇水位之间)、4.90 m(接近 20 年一遇水位),设计新沟河工程扩大外排方案 XG1～XG3。

2. 优化策略 2

运河横贯武澄锡虞区,沿线城市大包围陆续建成,运河两岸排涝动力显著增强,运河渐渐成为两岸地区的主要排涝通道、高水行洪通道。优化策略 2 主要基于增加运河沿线及周边区域涝水北排的目标,在优化策略 1 的基础上,探索新沟河工程配合常州、无锡等市城市防洪工程启用,增加新沟河工程北排力度的可能性。

新沟河工程常态为排直武地区涝水,青阳站为其调度参考站之一。根据2011—2017年青阳、常州、无锡站水位资料,分析常州、无锡启用防洪包围圈后青阳站水位情况,青阳站水位处于4.00 m以下时,无锡城市防洪工程启用的发生概率约为0.49,常州城市防洪工程也有一定的启用概率,详见表6-8。因此,从新沟河周边区域排涝需求角度考虑,认为新沟河江边枢纽配合无锡、常州城市防洪工程启用,加大地区涝水北排具有一定的优化空间。考虑到新沟河东支与京杭运河为立交形式,故该策略中维持东支调度不变,依靠新沟河西支增加运河及周边区域涝水北排。

表 6-8 无锡、常州与青阳站水位情况统计表

城市防洪工程启用情况	天数(天)	青阳站水位	天数(天)	概率
无锡城市防洪工程启用 (无锡水位超过3.80 m)	274	<3.80 m	6	0.02
		3.80~4.00 m	133	0.49
		≥4.00 m	135	0.49
常州城市防洪工程启用 (常州水位超过4.30 m)	88	<3.80 m	0	0
		3.80~4.00 m	3	0.03
		≥4.00 m	85	0.97

因此,基于增加苏南运河及周边区域涝水北排的目的,当常州包围圈或无锡包围圈启用时,启用新沟河江边枢纽、遥观北枢纽泵站北排,提出新沟河工程扩大外排方案XG4。

综合上述两种不同策略,在上述调整参考水位的优化方案研究成果基础上结合城市防洪工程运用,提出XG5方案。在此基础上,进一步采用加大泵站开启度的方式,扩大新沟河沿边枢纽外排能力,提出XG6~XG7两个方案。其中,XG5方案中新沟河沿线运河以北的控制工程按直武地区戴溪站高于4.50 m或运河无锡(大)站高于3.80 m或运河常州(三)站高于4.30 m时启用,泵站适度开启;XG6~XG7方案分别进一步提高泵站开启度。

在上述研究的基础上,按照分片治理思路,分片开展沿江工程调控优化,优先对区域低片沿江工程进行优化,然后优化区域高片的沿江工程排水能力,进一步扩展区域外排的空间,总体思路为提高泵站开启度和降低区域参考水位,分别提出4个优化方案。

沿江工程扩大外排优化方案如表6-9、表6-10所示。

6.4.1.2 效果分析

1. 新沟河工程扩大外排方案效果

新沟河工程扩大外排方案XG1~XG3主要通过抬高直武地区入太湖的调度参考水位至4.70 m、4.80 m、4.90 m来间接促进区域洪涝水北排,T23情景下3个方案的新沟河江边枢纽外排能力发挥程度均有所提升,新沟河江边枢纽外排工程排洪能力适配度均较基础方案JC提升0.24%。从流域、区域、城区不同层面的水位安全度变化来看,方案XG2优于方案XG1和XG3,方案XG2下流域、区域、城区不同层面的水位安全度均得到提升,提升幅度为0.13%~0.15%。

表 6-9　新沟河工程扩大外排方案集

方案	新沟河汇边枢纽	西直湖港闸站枢纽	遥观北枢纽	遥观南枢纽	直湖港闸、武进港闸
JC	(1) 大湖水位≥4.65 m:闸泵排水 (2) 大湖排水＜4.65 m:戴溪站≥4.50 m,闸泵排水;2.80 m≤戴溪站＜4.50 m:若青阳站≥4.00 m,闸泵排水,戴溪站＜2.80 m:关闸	当戴溪站>4.50 m:敞开;戴溪站水位处于2.80~4.50 m,若节制闸南侧水位≥2.50 m,闸泵北排,否则开闸北排;戴溪站＜2.80 m:敞开	戴溪站>3.60 m,闸泵北排;戴溪站＜3.60 m,开闸北排	戴溪站>4.50 m:敞开;3.60 m≤戴溪站＜4.50 m:闸泵北排;戴溪站＜3.60 m:开闸北排	戴溪站>4.50 m:开闸向太湖排水
XG1	同JC方案	戴溪站控制水位由4.50 m调整至4.70 m	同JC方案	戴溪站控制水位由4.50 m调整至4.70 m	戴溪站控制水位由4.50 m调整至4.70 m
XG2	同JC方案	戴溪站控制水位由4.50 m调整至4.80 m	同JC方案	戴溪站控制水位由4.50 m调整至4.80 m	戴溪站控制水位由4.50 m调整至4.80 m
XG3	同JC方案	戴溪站控制水位由4.50 m调整至4.90 m	同JC方案	戴溪站控制水位由4.50 m调整至4.90 m	戴溪站控制水位由4.50 m调整至4.90 m
XG4	2.80 m≤戴溪站＜4.50 m;常州(三)站≥4.30 m或无锡(大)站≥3.80 m,或青阳站水位≥4.00 m,闸泵排水;其他情况开闸排水,其余同JC方案	同JC方案	戴溪(三)站≥3.60 m,或常州(大)站≥4.30 m或无锡(大)站≥3.80 m,启用泵站北排,后用泵站北排;否则开闸北排	同JC方案	同JC方案
XG5	同XG4方案	同XG2方案	同XG4方案	同XG2方案	同XG2方案
XG6	在XG5方案基础上:新沟河汇边枢纽泵站适当增加开启度				
XG7	在XG5方案基础上:新沟河汇边枢纽泵站全开				

表6-10　区域沿江工程扩大外排方案集

方案	区域低片沿江工程					区域高片沿江工程	
	澡港枢纽	老桃花港排涝站	沿江低片其他泵站（含定波闸泵）	白屈港枢纽	大河港泵站	张家港闸、十一圩闸	走马塘江边枢纽
YJD0（同XG7）	常州站高于5.00 m，泵站开启度为0.8	常州站高于5.00 m，泵站开启度为0.6	青阳站高于4.20 m，泵站开启度为0.6	青阳站高于4.20 m，泵站开启度为0.8	无锡站高于4.10 m，泵站开闸度为0.6	太湖高于4.65 m 或无锡站高于3.60 m,开闸排水	太湖高于4.65 m,或北闸站高于4.35 m,或无锡站高于2.80 m,开闸排水
YJD1	常州站高于5.00 m，泵站开启度为1.0	常州站高于5.00 m，泵站开启度为0.8	青阳站高于4.20 m，泵站开启度为0.8	青阳站高于4.20 m，泵站开启度为1.0	同YJD0方案	同YJD0方案	同YJD0方案
YJD2	同YJD1方案	常州站高于5.00 m，泵站开启度为1.0	青阳站高于4.20 m，泵站开启度为1.0	同YJD1方案	同YJD0方案	同YJD0方案	同YJD0方案
YJD3	常州站高于4.90 m，泵站开启度为1.0	常州站高于4.90 m，泵站开启度为1.0	青阳站高于4.10 m，泵站开启度为1.0	青阳站高于4.10 m，泵站开启度为1.0	同YJD0方案	同YJD0方案	同YJD0方案
YJD4（同YJG0）	常州站高于4.80 m，泵站开启度为1.0	常州站高于4.80 m，泵站开启度为1.0	青阳站高于4.00 m，泵站开启度为1.0	青阳站高于4.00 m，泵站开启度为1.0	同YJD0方案	同YJD0方案	同YJD0方案
YJG1	采用XG优化+YJD优化方案调度				太湖高于4.65 m 或无锡站高于4.10 m，泵站开站度为0.8	同YJD0方案	同YJD0方案
YJG2	采用XG优化+YJD优化方案调度				太湖高于4.65 m 或无锡站高于4.10 m，泵站开站度为1.0	同YJD0方案	同YJD0方案

（续表）

方案	区域低片沿江工程					区域高片沿江工程		
	澡港枢纽	老桃花港排涝站	沿江低片其他泵站（含定波闸泵）	白屈港枢纽	大河港泵站	张家港闸、十一圩闸	走马塘江边枢纽	
YJG3	采用 XG 优化＋YJD 优化方案调度				太湖高于 4.65 m 或无锡站高于 4.00 m，泵站开启度为 1.0	同 YJD0 方案	同 YJD0 方案	
YJG4	采用 XG 优化＋YJD 优化方案调度				太湖高于 4.65 m 或无锡站高于 3.90 m，泵站开启度为 1.0	同 YJD0 方案	同 YJD0 方案	

新沟河工程扩大外排方案 XG4 通过改变新沟河江边枢纽控制运用条件来直接促进运河沿线地区洪涝水北排，该方案下新沟河江边枢纽外排工程排洪能力适配度较基础方案 JC 有明显提升，提升幅度为 5.70%。从流域、区域、城区不同层面的水位安全度变化来看，方案 XG4 下区域平均水位安全度及运河沿线水位安全度均较基础方案 JC 提升明显，提升幅度分别为 1.60%、7.92%。

为此，综合上述两种策略，在抬高直武地区入太湖的调度参考水位(方案 XG2 为 4.80 m)的基础上，结合运河沿线水位变化启用新沟河江边枢纽，设计提出新沟河工程扩大外排方案 XG5。方案 XG5 下新沟河江边枢纽外排工程排洪能力适配度较基础方案 JC 有明显提升，提升幅度为 5.56%，与方案 XG4 相当。从流域、区域、城区不同层面的水位安全度变化来看，方案 XG5 下流域、区域、城区不同层面的水位安全度均得到提升，提升幅度为 0.54%~0.89%，优于方案 XG2。

T23 情景下方案 XG1~XG5 武澄锡虞区调控状态指标变化情况见表 6-11。

表 6-11   T23 情景下方案 XG1~XG5 武澄锡虞区调控状态指标变化情况统计

分析指标		XG1-JC 提升幅度	XG2-JC 提升幅度	XG3-JC 提升幅度	XG4-JC 提升幅度	XG5-JC 提升幅度
水位安全度	$ZF'_{流域}$	0.02%	0.13%	0.45%	−0.08%	0.54%
	$ZF'_{区域}$	1.03%	0.13%	−2.71%	1.60%	0.88%
	$ZF'_{城区}$	−0.54%	0.15%	−1.46%	0.13%	0.89%
	$ZF'_{运河沿线}$	6.62%	0.31%	−7.18%	7.92%	2.12%
外排工程排洪能力适配度	$DF'_{新沟河江边枢纽}$	0.24%	0.24%	0.24%	5.70%	5.56%

注：XG1-JC 提升幅度是指方案 XG1 相比基础方案 JC 的提升幅度，下同。

方案 XG5 中，新沟河沿线运河以北的控制工程按直武地区戴溪站高于 4.50 m 或运河无锡(大)站高于 3.80 m 或运河常州(三)站高于 4.30 m 时启用，泵站适度开启。为充分挖掘泵站作用，进一步增大相应控制条件下的泵站开启度，设计提出方案 XG6(泵站开度为 0.8)和 XG7 方案(泵站全开)。鉴于新沟河泵排能力为 180 m³/s，闸泵总设计流量为 640 m³/s，为定量分析泵排效果，在泵站全力运行的条件下，新沟河江边枢纽排洪能力适配度为 0.28，以此为标准衡量新沟河江边枢纽外排能力发挥情况。

方案 XG7 下新沟河江边枢纽排洪能力适配度为 0.26，较方案 XG5 提升 14.54%，接近 0.28。因此，可以认为 XG7 方案下新沟河外排能力基本得到充分发挥，明显优于方案 XG6。方案 XG7 下区域水位安全度略有下降，究其原因在于新沟河江边枢纽的运用降低了武澄锡低片河网水位，方案 XG7 下青阳站水位较方案 XG5 平均下降 0.01 m，最大降幅为 0.041 m，导致武澄锡低片以青阳站为参考站的沿江工程不能有效发挥其排水能力，由此导致区域水位安全度下降 0.78%。

方案 XG5~XG7 外排工程排洪能力适配度和水位安全度统计情况见表 6-12、表 6-13、表 6-14。

表 6-12   方案 XG5～XG7 外排工程排洪能力适配度统计

外排工程	XG5	XG6	XG6 提升幅度	XG7	XG7 提升幅度
新沟河江边枢纽	0.227	0.242	6.62%	0.260	14.54%
夏港抽水站	0.351	0.346	−1.43%	0.319	−9.12%
澡港枢纽	0.141	0.134	−4.97%	0.134	−4.96%
定波闸	0.136	0.135	−0.73%	0.130	−4.41%

表 6-13   方案 XG5～XG7 流域-区域-城区水位安全度统计

分析指标	XG5	XG6	XG6 变幅	XG7	XG7 变幅
$ZF'_{流域}$	−0.031	−0.031	0	−0.031	0
$ZF'_{区域}$	−0.129	−0.129	0	−0.130	−0.78%
$ZF'_{城区}$	0.019	0.028	48.27%	0.018	−5.26%
$ZF'_{运河沿线}$	−0.210	−0.209	0.48%	−0.210	0

表 6-14   方案 XG5～XG7 下青阳站水位变化   单位：m

时间	XG5	XG6	XG7	XG6−XG5	XG7−XG5
2016-6-21	3.687	3.688	3.688	0.001	0.001
2016-6-22	3.845	3.845	3.845	0	0
2016-6-23	4.088	4.088	4.088	0	0
2016-6-24	4.223	4.217	4.208	−0.006	−0.015
2016-6-25	4.188	4.175	4.160	−0.013	−0.028
2016-6-26	4.064	4.050	4.032	−0.014	−0.032
2016-6-27	4.035	4.016	3.997	−0.019	−0.038
2016-6-28	4.292	4.273	4.251	−0.019	−0.041
2016-6-29	4.484	4.477	4.505	−0.007	0.021
2016-6-30	4.465	4.469	4.466	0.004	0.001
2016-7-1	4.263	4.258	4.244	−0.005	−0.019
2016-7-2	4.350	4.342	4.321	−0.008	−0.029
2016-7-3	4.735	4.733	4.732	−0.002	−0.003
2016-7-4	4.925	4.927	4.933	0.002	0.008
2016-7-5	4.921	4.922	4.922	0.001	0.001
时段水位平均变幅				−0.01	−0.01
时段水位最大变幅				−0.019	−0.041

2. 区域沿江低片扩大外排方案效果

基于上述新沟河工程扩大外排的研究成果,在方案 XG7 基础上扩大武澄锡虞区低片的北排能力,视区域代表站参考水位在原来基础上增加泵排能力,设计提出方案 YJD1 和 YJD2;或适当降低常州、青阳等区域代表站参考水位,提出方案 YJD3 和 YJD4。

从水位安全度来看,T23 情景下方案 YJD4 下区域水位安全度提高幅度最大,达 3.08%,流域、城市各层面的防洪代表站水位安全度均得到一定程度的提高,较之其他几个方案效果最好。与此同时,夏新港枢纽、澡港枢纽以及定波枢纽、白屈港枢纽等沿江外排工程的排洪能力适配度均有大幅提升,升幅为 8%～36%。从洪水外排情况来看,方案 YJD4 下区域北排长江水量较方案 YJD0 增加 4 491 m³,区域总外排水量较方案 YJD0 增加 2 210 m³,区域排洪能力得到大幅提高,相应的排洪有序度也提高了 3.57%(表 6-15)。因此选择 YJD4 方案开展下一步优化。

表 6-15　方案 YJD0～YJD4 武澄锡虞区调控状态指标变化情况

分析指标		YJD0	YJD1	YJD1 提升幅度	YJD2	YJD2 提升幅度	YJD3	YJD3 提升幅度	YJD4	YJD4 提升幅度
水位安全度	$ZF'_{流域}$	−0.031	−0.030	3.23%	−0.030	3.23%	−0.030	3.23%	−0.029	6.45%
	$ZF'_{区域}$	−0.130	−0.129	0.77%	−0.128	1.54%	−0.127	2.31%	−0.126	3.08%
	$ZF'_{城区}$	0.018	0.018	0	0.018	0	0.023	27.78%	0.029	61.11%
	$ZF'_{运河沿线}$	−0.210	−0.209	0.48%	−0.209	0.48%	−0.208	0.95%	−0.207	1.43%
外排工程排洪能力适配度	$DF'_{新沟河江边枢纽}$	0.260	0.259	−0.38%	0.259	−0.38%	0.257	−1.15%	0.254	−2.31%
	$DF'_{新夏港枢纽}$	0.319	0.330	3.45%	0.343	7.52%	0.390	22.26%	0.432	35.42%
	$DF'_{澡港枢纽}$	0.134	0.134	0	0.134	0	0.152	13.43%	0.179	33.58%
	$DF'_{定波枢纽}$	0.130	0.137	5.38%	0.144	10.77%	0.156	20.00%	0.169	30.00%
	$DF'_{白屈港枢纽}$	0.366	0.370	1.09%	0.366	0	0.380	3.83%	0.398	8.74%
排洪有序度 DS'		−0.112	−0.112	0	−0.111	0.89%	−0.115	−2.68%	−0.108	3.57%

计算沿江各枢纽泵排能力充分发挥情况下的排洪能力适配度值(即理想状态下的排洪能力适配度),将其作为标准来衡量沿江枢纽外排能力发挥情况,参见表 6-16。可见,方案 YJD4 下新沟河江边枢纽、新夏港枢纽排洪能力适配度为理想状态下排洪能力适配度的 85% 以上,其外排能力基本得到充分发挥;定波枢纽、白屈港枢纽的排洪能力适配度为理想状态排洪能力适配度的 70% 以上,其外排能力得到较好发挥;澡港枢纽的排洪能力适配度仅为理想状态排洪能力适配度的 52%,存在一定的提升空间,调控过程中发现,澡港河河道规模偏小,与泵站规模不相匹配,从而限制了其外排能力发挥。

表 6-16　方案 YJD4 外排工程排洪能力适配度统计

工程名称	泵排能力 (m³/s)	设计总流量 (m³/s)	理想状态下排洪能力适配度	方案 YJD4 下排洪能力适配度	比值
新沟河江边枢纽	180	640	0.280	0.254	91%
新夏港枢纽	45	90	0.500	0.432	86%

（续表）

工程名称	泵排能力 （m³/s）	设计总流量 （m³/s）	理想状态下 排洪能力适配度	方案 YJD4 下 排洪能力适配度	比值
澡港枢纽	100	290	0.340	0.179	53%
定波枢纽	120	520	0.230	0.169	73%
白屈港枢纽	100	200	0.500	0.398	80%

3. 区域沿江高片扩大外排方案效果

在方案 YJD4 基础上,进一步开展区域高片的外排优化:视区域代表站参考水位在原来基础上增加泵站开启度,提出方案 YJG1 和 YJG2;或适当降低无锡代表站参考水位,提出方案 YJG3 和 YJG4。方案 YJG1～YJG4 武澄锡虞区调控状态指标变化情况见表 6-17。

从水位安全度来看,T23 情景下方案 YJG1 以及 YJG3～YJG4 的区域水位安全度均得到一定程度的提高,其中方案 YJG1 下区域水位安全度较方案 YJG0 提升 0.79%,但城区水位安全度有所降低,降幅达 13.79%;方案 YJG3 和 YJG4 效果相当,区域水位安全度较方案 YJG0 提升 0.79%,相应的城区水位安全度无明显变化。与此同时,区域沿江工程排洪能力适配度有所提高,方案 YJG3 和 YJG4 均增加了区域北排长江水量和总外排水量,分别较方案 YJG0 增加 280 m³ 和 345 m³,相应的排洪有序度提高了 2.78%,较方案 YJG1 效果更好。

表 6-17 方案 YJG0～YJG4 武澄锡虞区调控状态指标变化情况

分析指标		YJG0	YJG1	YJG1 提升幅度	YJG2	YJG2 提升幅度	YJG3	YJG3 提升幅度	YJG4	YJG4 提升幅度
水位 安全度	$ZF'_{流域}$	−0.029	−0.029	0	−0.029	0	−0.029	0	−0.029	0
	$ZF'_{区域}$	−0.126	−0.125	0.79%	−0.126	0	−0.125	0.79%	−0.125	0.79%
	$ZF'_{城区}$	0.029	0.025	−13.79%	0.029	0	0.029	0	0.029	0
	$ZF'_{运河沿线}$	−0.207	−0.206	0.48%	−0.207	0	−0.207	0	−0.207	0
外排 工程 排洪能力 适配度	$DF'_{新沟河江边枢纽}$	0.254	0.254	0	0.254	0	0.254	0	0.254	0
	$DF'_{新夏港枢纽}$	0.432	0.432	0	0.431	−0.23%	0.433	0.23%	0.433	0.23%
	$DF'_{澡港枢纽}$	0.179	0.181	1.12%	0.180	0.56%	0.180	0.56%	0.180	0.56%
	$DF'_{定波枢纽}$	0.169	0.170	0.59%	0.170	0.59%	0.171	1.18%	0.171	1.18%
	$DF'_{白屈港枢纽}$	0.398	0.395	−0.75%	0.394	−1.01%	0.399	0.25%	0.399	0.25%
	$DF'_{张家港闸}$	0.255	0.255	0	0.257	0.78%	0.255	0	0.255	0
	$DF'_{十一圩港闸}$	0.307	0.307	0	0.308	0.33%	0.306	−0.33%	0.306	−0.33%
	$DF'_{走马塘枢纽}$	0.325	0.324	−0.31%	0.325	0	0.325	0	0.325	0
排洪有序度 DS'		−0.108	−0.108	0	−0.109	−0.93%	−0.105	2.78%	−0.105	2.78%

综上所述,本次通过扩大新沟河外排、武澄锡虞区低片和高片外排,分步逐渐提高了区域北排工程的外排能力,同时由于抬高了南排工程排水控制水位,南向排水工程排洪能

力适配度有所下降。与基础方案 JC 对比(表 6-18),T23 情景下方案 YJG4 有效提升了流域、区域、城区水位安全度,区域整体防洪排涝安全保障程度得到提升。

表 6-18 方案 YJG4 与基础方案调控状态指标对比

分析指标			JC	YJG4	YJG4-JC 提升幅度
水位安全度		$ZF'_{流域}$	−0.033	−0.029	12.12%
		$ZF'_{区域}$	−0.129	−0.125	3.10%
		$ZF'_{城区}$	0.022	0.029	31.82%
		$ZF'_{运河沿线}$	−0.209	−0.207	0.96%
外排工程排洪能力适配度	北向	$DF'_{低片沿江工程}$	0.21	0.24	14.29%
		$DF'_{高片沿江工程}$	0.30	0.29	−3.33%
	南向	$DF'_{常州地区环湖口门}$	0.11	0.07	−36.36%
		$DF'_{无锡地区环湖口门}$	0.04	0.03	−25.00%
	东向	$DF'_{望虞河西岸口门}$	0.32	0.34	6.25%
区域排洪有序度 DS'			−0.09	−0.11	−22.22%

6.4.2 相机东泄方案研究

6.4.2.1 优化策略

随着城市防洪工程建设,苏南运河已成为城市洪涝水的主要通道之一,与此同时苏南运河洪水出路问题也成为区域防洪除涝安全的重要隐患。

一是运河沿线排涝能力远远大于河道安全泄量,运河沿线呈现"涨水快、退水慢、涨幅大、水位高"的特点。随着城镇化的快速发展,运河沿线城市防洪大包围建成并逐步扩大,沿线城市、圩区的排涝动力逐步增强。据统计,仅江苏省运河沿线的泵站排涝规模已达到 1 078.83 m^3/s,运河渐渐成为两岸地区的主要排涝通道,远大于运河的现状安全下泄流量 400 m^3/s。加之近年来实施的运河航道"四改三"工程,扩大了运河过水断面,在当前运河沿线外排能力不足的情况下,洪水容易沿运河一线汇集,改变了运河上下游水量关系,造成运河上游来水量增加,下游泄水不畅,涨水迅速,运河排涝压力显著增大。2015—2017 年运河沿线发生强降雨后,基本上强降雨结束,运河水位就涨至最高水位;水位降落相对较慢,涨落历时比一般为 1∶3。

二是运河涝水外排出路不足。2007 年无锡供水危机发生后,由于太湖水环境保护需要,常州、无锡环太湖口门严格控制排水入湖,运河及相关区域南排入湖受阻,转而向运河排涝,运河排涝压力显著增大。此外,现有沿江骨干河道外排能力有限,且排水受长江潮位影响,排水时间受到限制,排水效率不高,在遭遇强降雨时,洪水外排能力明显不足。

蠡河枢纽是苏南运河沿线重要防洪控制工程,现有流域、区域调度方案均提出了蠡河枢纽调度方式,但不完全协调。根据《太湖流域洪水与水量调度方案》,当太湖水位高于防洪控制水位且低于 4.65 m 时,实施洪水调度,望亭水利枢纽按照太湖水位和琳桥水位进行分级泄水;蠡河枢纽等在望亭水利枢纽泄水期间不得向望虞河排水。为保障区域防洪排涝安全,结合近年防洪排涝实践,江苏省制定了《苏南运河区域洪涝联合调度方案(试行)》。依据该方案,蠡河控制工程现状调度具体为:当无锡(大)站水位超过警戒水位3.90 m,且蠡河控制工程处运河水位高于望虞河水位时,分泄苏南运河洪水入望虞河。近年来在流域北部遭遇强降雨时,为缓解苏南运河防洪压力,加快苏南运河和望虞河西岸地区涝水外排,蠡河枢纽先后于 2015 年 6 月,2016 年 6 月,7 月和 10 月,2017 年 6 月和 9 月以及 2020 年多次开启节制闸及套闸向望虞河排泄运河洪水。调度实践表明,开启蠡河节制闸向望虞河错峰行洪,在一定程度上缓解了运河沿线防洪压力。

因此,考虑到现有流域区域调度方案中蠡河枢纽方式存在争议,从近年的试验性调度来看,蠡河枢纽运用在一定程度上可缓解运河沿线防洪压力,有必要探索研究蠡河枢纽调度效果,以期为其运行方案制定提供依据。在充分认识蠡河枢纽分泄运河洪水作用大小的前提下,考虑在苏南运河高水位行洪期间,合理统筹望虞河承担太湖和区域洪水外排的时机和量级,通过蠡河节制闸和望亭立交的调度运用错峰行洪。由于蠡河枢纽处缺乏实测流量监测资料,本次通过运河水位的变化来间接分析蠡河枢纽运用对分泄运河洪水的作用大小,并根据太湖水位和无锡水位变化间的关系,判别现行常态调度下蠡河枢纽投入运用的概率,识别蠡河枢纽调度优化的方向,运用数学模型论证蠡河枢纽调度优化的必要性和可行性。

根据对图 6-1 的分析发现,当无锡(大)站水位超过 3.90 m 时,太湖水位低于警戒水位 3.80 m 的概率为0.37,低于 4.20 m[①] 的概率为 0.75。因此,为增加蠡河相机东泄的可能时机,按照错峰行洪的原则,分别研究太湖水位低于 3.80 m、4.20 m 作为蠡河枢纽相机东泄时望虞河暂停排水水位条件的可行性,设计形成蠡河枢纽相机东泄方案(表 6-19)。

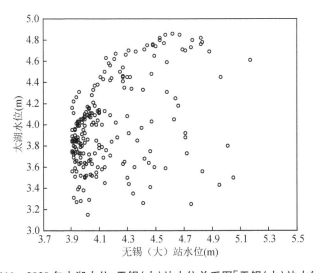

图 6-1　2011—2020 年太湖水位、无锡(大)站水位关系图[无锡(大)站水位＞3.90 m]

---

　　①　根据《水利部关于印发全国流域性洪水划分规定(试行)的通知》(水防〔2021〕153 号),太湖发生流域性较大洪水的标准为太湖日均水位超过 4.20 m。

表 6-19　蠡河枢纽相机东泄方案表

方案编号	蠡河枢纽调度方式	望虞河望亭立交调度方式
LH1	关闭	按照《太湖流域洪水与水量调度方案》执行调度
LH2	无锡(大)站>3.90 m 时,开启东泄	按照《太湖流域洪水与水量调度方案》执行调度
LH3	无锡(大)站>3.90 m 时,开启东泄	在《太湖流域洪水与水量调度方案》执行调度的基础上,当无锡(大)站>3.90 m 且太湖≤3.80 m 时,暂停泄水
LH4	无锡(大)站>3.90 m 时,开启东泄	在《太湖流域洪水与水量调度方案》执行调度的基础上,当无锡(大)站>3.90 m 且太湖≤4.20 m 时,暂停泄水

6.4.2.2　效果分析

蠡河枢纽相机东泄模拟结果见表 6-20。结果表明,当无锡(大)站水位超过 3.90 m 时开启蠡河枢纽相机东泄运河水后,无锡(大)站最高水位可降低 1~3 cm,该差异为蠡河枢纽最大泄水潜力下对应的水位差;在未因蠡河枢纽开启泄水而增加望亭立交关闭时长的情况下,对太湖最高日均水位无显著影响,但在因蠡河枢纽开启泄水而增加望亭立交关闭时长的情况下,太湖最高日均水位有一定程度的上升,为此,综合考虑太湖和运河沿线防洪安全,蠡河枢纽开启期间太湖暂停泄水的水位条件是以太湖水位不超过 3.80 m 为宜。

因此,武澄锡虞区通过蠡河枢纽相机东泄的适宜时机为无锡(大)站水位超过 3.90 m、太湖水位不超过 3.80 m,即当无锡(大)站水位超过 3.90 m 时开启蠡河枢纽相机东泄运河水,蠡河枢纽开启期间,若太湖水位不超过 3.80 m,则望亭立交暂停泄水。采用相机东泄调度后,在蠡河枢纽发挥最大泄水潜力的情况下,无锡(大)站最高日均水位可降低 1 cm。

表 6-20　蠡河枢纽相机东泄模拟结果

情景起止时间	方案编号	蠡河枢纽泄水量(万 m³)	蠡河枢纽日均泄水量(万 m³/d)	望亭立交排水水量(万 m³)	望亭立交关闭时长(d)	太湖最高日均水位(m)	无锡(大)站最高日均水位(m)
2016 年 6 月 21 日—7 月 5 日	LH1	0	0	25 995	0	4.78	4.96
	LH2	1 405	93.7	25 061	0	4.78	4.95
	LH3	1 408	93.9	25 066	0	4.78	4.95
	LH4	2 549	170	18 548	3	4.80	4.95

注:本表中 3 个典型时段分别对应 T5、T6、T23,其中"2015 年 6 月 25-30 日"结束时间根据无锡(大)站计算最高水位发生时间在原 T6 基础上延迟 1 天。

6.4.3　上游挡洪方案研究

6.4.3.1　优化策略

钟楼闸位于苏南运河常州市区段改线段上,是武澄锡虞西控制线上的主要防洪控制工程,其主要任务是,在大洪水期启用,减轻常州、无锡、苏州三大城市和武澄锡低洼地区的防洪压力。由于运河常州市区附近钟楼闸下缺少水位站,当钟楼闸未启用时,可认为常州(三)站水位近似于运河常州市区附近钟楼闸下水位。因此,将常州(三)站、无锡(大)站作为钟楼闸启用的调度参考水位站,钟楼闸调度逻辑可概括为:当钟楼闸下游常州、无锡地区水位较低时,钟楼闸不启用;当常州、无锡地区水位升至一定程度时,启用钟楼闸实施上游挡洪,钟楼闸启用期间,若上游水位升至一定程度时,视下游地区水位和防洪风险适当开启钟楼闸有控制地向下游地区泄水。

钟楼闸的运用可以有效缓解局部防洪压力,同时可能影响闸上游洪水及时东排,使原沿苏南运河东排水量排向涡湖和环太一线,或滞留于区域河槽。根据江苏省水文水资源勘测局常州分局编制的《钟楼闸关闸壅水影响分析》,钟楼闸关闸后钟楼闸西侧一定范围内的水位较未关闸情况下出现壅高,壅水幅度与到钟楼闸距离基本为负相关关系,钟楼闸西侧苏南运河、武宜运河、德胜河、扁旦河等河道沿线最高水位增量及退水期间最大壅高幅度超过 5 cm 范围。

调度实践和相关研究表明,关闭钟楼闸可显著降低运河下游水位,但同时将造成运河上游地区不同程度的水位壅高,增加上游地区防洪除涝的风险。钟楼闸调度的难点如下:

(1) 钟楼闸关闭与开启时上下游水位之间的协调。现有调度方案中钟楼闸关闸水位为无锡(大)站水位达到 4.60 m 或常州(三)站水位达 5.30 m,无锡(大)站水位、常州(三)站水位分别超出其保证水位 0.07 m、0.50 m(其水位特征见表 6-21),而钟楼闸调度由关闸挡洪变为开闸泄洪的调度参考水位(丹阳站水位)低于其保证水位 0.40 m,由此对比来看,现有工程启闭参考水位条件组合可能对于下游常州、无锡地区相对不利。

(2) 钟楼闸关闭期间对上游地区的影响较为复杂(图 6-2)。钟楼闸关闭可能壅高运河九里河—钟楼闸段水位,一方面会影响丹阳地区洪水下泄,另一方面会改变常州地区排水格局。在钟楼闸关闭期间,原通过运河下泄的水量将转由钟楼闸上游丹金溧漕河等河道南排,会增加常州丹金溧漕河沿线地区的洪涝风险。

表 6-21　运河沿线水位站及水位特征表

代表站	警戒水位(m)	保证水位(m)	防洪设计水位(m)		
			$P=2\%$	$P=1\%$	$P=0.5\%$
丹阳	5.60	7.20	7.47	—	—
常州(三)	4.30	4.80	5.65	5.80	5.95
无锡(大)	3.90	4.53	4.75	5.00	5.15

因此,从保障武澄锡虞区防洪除涝安全角度出发,上游挡洪调度技术研究的本质是寻求钟楼闸最优的启用条件(关闸水位、开闸水位),研究不同的场次降雨遭遇下,如何协调运河钟楼闸上游地区和下游地区之间的防洪风险,目的是寻求涨水期钟楼闸上下游水位站超保风险最小的最优解集,通过错时错峰调度钟楼闸工程,平衡运河上下游洪水风险。

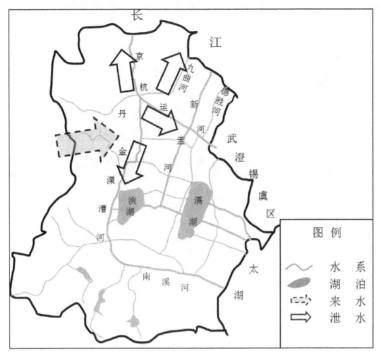

图 6-2　运河钟楼闸上游洪水期间水量运动情况示意图

基于钟楼闸调度研究问题的本质,上游挡洪调度技术研究策略为降低关闸挡洪调度参考水位或抬高开闸泄水参考水位,以增加钟楼闸启用挡洪时间,通过错时错峰调度钟楼闸工程,平衡运河上下游洪水风险。

由于运河常州市区附近钟楼闸下缺少水位站,当钟楼闸未启用时,可认为常州(三)站水位近似于运河常州市区附近钟楼闸下水位,因此,本书仍以常州(三)站作为钟楼闸启用的调度参考水位站之一。进一步分析无锡(大)站与常州(三)站两站间的水位关系(图6-3)发现,无锡(大)、常州(三)站对于各自区域防洪风险的表征作用相对独立,不存在可替代关系。因此,仍采用常州(三)站、无锡(大)站作为钟楼闸启用的调度参考站。

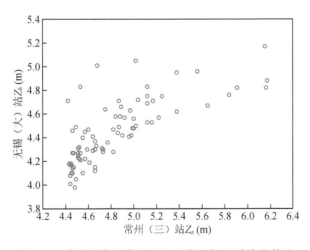

图 6-3　高水位期间常州(三)、无锡(大)两站水位关系

以现有调度方案中钟楼闸关闸挡洪调度参考水位作为调度参考水位的上限;同时考虑到钟楼闸关闸挡洪有可能增加上游地区防洪风险,因而关闸挡洪调度参考水位不宜过低,通常认为区域内某个水位站水位处于保证水位以下时,该水位站代表的区域防洪风险基本可控,故本研究认为关闸挡洪调度参考水位宜接近保证水位。因此,钟楼闸关闸挡洪调度参考水位常州(三)站水位(x_a)下限为 4.80 m,上限为 5.30 m,无锡(大)站(x_b)下限为4.50 m,上限为 4.60 m;同理,钟楼闸开闸泄水调度参考水位丹阳站(x_c)下限为6.80 m,上限为 7.00 m。基于该策略,设计若干套不同的调度方案,详见表6-22。

表6-22　涨水期钟楼闸启用水位研究方案集　　单位:m

方案编号	关闸挡洪水位		开闸泄水水位
	常州水位 x_a	无锡水位 x_b	丹阳水位 x_c
ZL1	5.30	4.60	6.80
ZL2	5.20	4.60	6.80
ZL3	5.10	4.60	6.80
ZL4	5.00	4.60	6.80
ZL5	4.90	4.60	6.80
ZL6	4.80	4.60	6.80
ZL7	5.30	4.50	6.80
ZL8	5.20	4.50	6.80
ZL9	5.10	4.50	6.80
ZL10	5.00	4.50	6.80
ZL11	4.90	4.50	6.80
ZL12	4.80	4.50	6.80
ZL13	5.30	4.60	7.00
ZL14	5.20	4.60	7.00
ZL15	5.10	4.60	7.00
ZL16	5.00	4.60	7.00
ZL17	4.90	4.60	7.00
ZL18	4.80	4.60	7.00
ZL19	5.30	4.50	7.00
ZL20	5.20	4.50	7.00
ZL21	5.10	4.50	7.00
ZL22	5.00	4.50	7.00

方案编号	关闸挡洪水位		开闸泄水水位
	常州水位 x_a	无锡水位 x_b	丹阳水位 x_c
ZL23	4.90	4.50	7.00
ZL24	4.80	4.50	7.00

6.4.3.2　效果分析

1. 目标函数构建

本书目标函数为钟楼闸上下游防洪风险总和最小。通常认为区域内某个水位站水位处于保证水位以下时,该水位站代表的区域防洪风险基本可控,同时防洪风险又与该水位站水位超保证水位历时有关,因此,构建钟楼闸防洪调度目标函数如下:

$$
\begin{cases}
F = \min R = \min\left[\alpha \sum_{i=1}^{n} a_i r_1^i + \beta \sum_{j=1}^{m} b_j r_2^j\right] \\
s.t. \begin{cases} \sum_{i=1}^{n} a_i = 1, \sum_{j=1}^{m} b_j = 1 \\ \\ \alpha + \beta = 1 \end{cases}
\end{cases}
$$

$$
r_1^i = \int_{t_1}^{t_2} h_1^i(t)\,\mathrm{d}t
$$

$$
h_1^i(t) = \begin{cases} z_1^i(t) - H_1^i, & z_1^i(t) > H_1^i \\ 0, & z_1^i(t) \leqslant H_1^i \end{cases}
$$

$$
r_2^j = \int_{t_1}^{t_2} h_2^j(t)\,\mathrm{d}t
$$

$$
h_2^j(t) = \begin{cases} z_2^j(t) - H_2^j, & z_2^j(t) > H_2^j \\ 0, & z_2^j(t) \leqslant H_2^j \end{cases}
$$

式中:n、m 分别为钟楼闸下游地区、上游地区站点数量;a_i 为钟楼闸上游地区水位站 i 的权重系数;b_j 为钟楼闸上游地区水位站 j 的权重系数;α、β 分别为钟楼闸下游地区、上游地区的权重系数;$z_1^i(t)$ 为钟楼闸下游地区水位站 i 的水位过程;H_1^i 为水位站 i 的保证水位;r_1^i 为钟楼闸下游地区水位站 i 的防洪风险指数;$z_2^j(t)$ 为钟楼闸下游地区水位站 j 的水位过程,H_2^j 为水位站 j 的保证水位;r_2^j 为钟楼闸上游地区水位站 j 的防洪风险指数,其计算方法参照 r_1^i;$h_1^i(t)$ 为钟楼闸下游地区水位站 i 超过保证水位程度的幅度;$h_2^j(t)$ 为钟楼闸上游地区水位站 j 超过保证水位程度的幅度;t_1、t_2 分别为起止时刻。

考虑到钟楼闸功能定位为减轻常州、无锡、苏州三大城市和武澄锡低洼地区的防洪压力,同时避免启用时对上游丹阳地区、金坛地区可能造成的防洪风险,因此,水位站点的选取要兼顾钟楼闸上下游。钟楼闸未启用时,下游水位站选取常州(三)站、洛社站、无锡

（大）站，以三站防洪风险指数表示下游常州、无锡两座城市和运河沿线防洪风险大小；上游水位站选取丹阳站、金坛站、王母观站、坊前站，以四站防洪风险指数表示上游区域防洪风险大小。钟楼闸启用时，考虑到钟楼闸关闭期间，位于钟楼闸上游的常州（三）站不能近似作为表征钟楼闸下游常州地区水位的水位站，因此，在运河钟楼闸下游建立虚拟水位站常州1（虚拟），作为表征钟楼闸下游常州地区水位的水位站，下游水位站选取常州1（虚拟）站、洛社站、无锡（大）站，以三站防洪风险指数表示下游常州、无锡两座城市和运河沿线防洪风险大小；上游水位站选取丹阳站、金坛站、王母观站、坊前站、常州（三）站，以五站防洪风险指数表示上游区域防洪风险大小。本书中钟楼闸下游地区、上游地区的权重系数 α、β 需结合钟楼闸功能定位以及下游地区、上游地区主要水位站水位变化对钟楼闸启闭的敏感性进行分析确定。

该目标函数 F 主要反映防洪风险与各水位站计算水位的关系，而相同的降雨和边界条件下，各水位站计算水位取决于各调度方案的调度参考水位，因此，建立目标函数 F 与调度参考水位之间的关系。本书引入钟楼闸启用安全余量的概念。通常认为，某个水位站水位处于保证水位以下时，该水位站代表的区域防洪风险基本可控。因此，将调度参考站常州（三）站、无锡（大）站、丹阳站的保证水位作为钟楼闸关闭或者开启的一种参照水位，若关闸调度参考站常州（三）站、无锡（大）站参考水位 x_a、x_b 低于其保证水位，则认为钟楼闸启用相对于下游地区尚存一定安全余量，对于上游地区是不利的；同理，若开闸调度参考站丹阳站参考水位 x_c 低于其保证水位，则认为钟楼闸开启相对于上游地区尚存一定安全余量，对于下游地区是不利的。建立如下目标函数 F 与上下游调度参考水位 x_a、x_b、x_c 之间的函数关系：

$$F=f(x_a, x_b, x_c)=f(L)$$

$$L=[(H_1^{cz}-x_a)+(H_1^{wx}-x_b)]/2-(H_2^{dy}-x_c)$$

式中：x_a、x_b 分别为钟楼闸关闸挡洪调度参考的常州（三）站、无锡（大）站水位；x_c 为钟楼闸开闸泄水调度参考的丹阳站水位；H_1^{cz}、H_1^{wx}、H_2^{dy} 分别为常州（三）站、无锡（大）站、丹阳站保证水位；L 为钟楼闸启用安全余量，当调度参考站丹阳站 x_c 低于其保证水位 H_2^{dy} 时，L 值越大，表示对钟楼闸下游地区越有利。

目标函数满足下列约束条件：

$$Z_{a,\min}\leqslant x_a\leqslant Z_{a,\max}$$

$$Z_{b,\min}\leqslant x_b\leqslant Z_{b,\max}$$

$$Z_{c,\min}\leqslant x_c\leqslant Z_{c,\max}$$

式中：$Z_{a,\min}$、$Z_{a,\max}$ 分别为钟楼闸关闸挡洪调度参考的常州（三）站水位 x_a 的下限和上限；$Z_{b,\min}$、$Z_{b,\max}$ 分别为钟楼闸关闸挡洪调度参考的无锡（大）站水位 x_b 的下限和上限；$Z_{c,\min}$、$Z_{c,\max}$ 分别为钟楼闸开闸泄水调度参考的丹阳站水位 x_c 的下限和上限。

2. 目标函数求解

鉴于钟楼闸功能定位为减轻常州、无锡、苏州三大城市和武澄锡低洼地区的防洪压力，同时避免启用时对上游丹阳地区、金坛地区可能造成的防洪风险，认为下游地区权重应大于上游地区权重。在此进一步分析典型情景下钟楼闸下游地区、上游地区主要水位站水情变化对钟楼闸启闭的敏感性。

建立钟楼闸下游、上游主要水位站对钟楼闸调度的敏感度因子 S_{ZL}。定义某个水位站对钟楼闸调度的敏感度因子 S_{ZL} 为钟楼闸关闭时长每单位增量下(1 h)该站相应防洪风险指数的变化,其计算公式如下:

$$S_{ZL,i} = \Delta R_i / \Delta T$$

式中:$S_{ZL,i}$ 为第 i 个水位站的敏感度因子,ΔR_i 为第 i 个水位站防洪风险指数变化;ΔT 为钟楼闸关闭时长变化。

$S_{ZL} < 0$,表示某个水位站防洪风险指数随着钟楼闸关闭时间的增加而降低,S_{ZL} 越小表示越敏感;$S_{ZL} > 0$,表示某个水位站防洪风险指数随着钟楼闸关闭时间的增加而增加,S_{ZL} 越大表示越敏感。结合钟楼闸功能定位以及下游地区、上游地区水情变化对其启闭的敏感度进行分析,目标函数中钟楼闸下游地区、上游地区的权重系数 α、β 采用 0.7、0.3。

求解目标函数时,对于不同降雨条件,分别寻求目标函数的最优解集。模拟不同降雨条件和钟楼闸调度参考水位下河网水位变化,并计算各方案下钟楼闸启用安全余量 L 和目标函数值 F,详见图 6-4。分析发现,不同方案下目标函数 F 随钟楼闸启用安全余量 L 的变化呈"V"形。T23 情景下,ZL13—ZL18 方案、ZL19—ZL24 方案 F 值较 ZL1—ZL6 方案、ZL7—ZL12 方案明显减少,表明在相同的 x_a、x_b 组合下,一定范围内 x_c 的增加,可降低钟楼闸上下游防洪风险;比较 ZL13—ZL24 方案,发现 ZL15、ZL21 方案 F 值最小,即为该降雨条件下的最优解集。

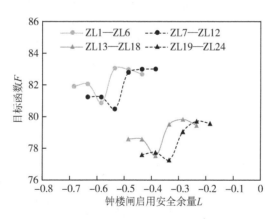

图 6-4 T23 情景下目标函数值变化

3. 调度效益分析

钟楼闸相对关闸时间与启用安全余量 L 之间均呈显著的正相关关系(通过 $\alpha = 0.01$ 显著性水平下的相关性检验),见图 6-5,表明钟楼闸关闭时间随着关闸挡洪调度参考水位 x_a、x_b 的减小或开闸泄洪调度参考水位 x_c 的增大而增加,调整 x_a、x_b、x_c 三个调度参考水位对钟楼闸调度具有较为直接的作用。

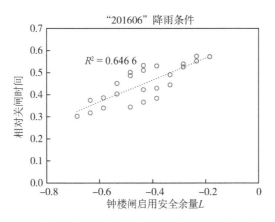

图 6-5　T23 情景下钟楼闸相对关闸时间与启用安全余量 L 的关系

T23 情景下,ZL15、ZL21 方案为最优解集。以 ZL21 方案为例,该方案中 x_a、x_b、x_c 分别为 5.10 m,4.50 m,7.00 m,即当无锡(大)站水位达到 4.50 m 或常州(三)站水位达 5.10 m,且根据天气预报湖西片及武澄锡片有较大降雨过程,无锡、常州水位均将继续迅速上涨时,启动关闸程序;钟楼闸关闭期间,当丹阳站水位可能超过 7.00 m 时,适时打开钟楼闸泄水;洪水退水期,当无锡(大)站水位低于 4.50 m 同时常州(三)站水位低于 5.10 m 时,打开钟楼闸泄水。

ZL21 方案关闸时长较 ZL1 方案增加 65 h,相对关闸时长较 ZL1 方案增加 0.15,钟楼闸下泄水量较 ZL1 方案减少 0.38 亿 m^3(减少 27.6%),目标函数 F 值较 ZL1 方案减小 5.7%,见表 6-23。对比钟楼闸上下游各站防洪风险指数 R 变化来看,站点距离钟楼闸越近,钟楼闸调度引起的防洪风险指数变化越明显,且表现为常州(三)站、坊前站等上游站风险增加,常州 1(虚拟)站、无锡(大)站、洛社站等下游站风险减少,见图 6-6。同时,钟楼闸调度需兼顾对周边地区的影响。除已纳入目标函数的水位站以外,ZL21 方案中太湖、钟楼闸下游青阳站、陈墅站最高日均水位无明显变化或略有下降。钟楼闸上游扁担河、京杭运河(与扁担河交汇处)、德胜河(与十里横河交汇处)由于距离钟楼闸较近,最高日均水位略有升高,见表 6-24。

表 6-23　最优调度方案集调度效益分析表

方案编号	关闸挡洪水位		开闸泄水水位	钟楼闸启用安全余量 L	关闸时间 (h)	相对关闸时长	钟楼闸下泄水量 (亿 m^3)	目标函数值 F (钟楼闸上下游防洪风险指数)	F 值较 ZL1 方案变幅
	常州水位 x_a (m)	无锡水位 x_b (m)	丹阳水位 x_c (m)						
ZL1	5.30	4.60	6.80	−0.685	138	0.30	1.37	81.91	—
ZL15	5.10	4.60	7.00	−0.385	175	0.38	1.04	77.53	−5.3%
ZL21	5.10	4.50	7.00	−0.335	203	0.45	0.99	77.27	−5.7%

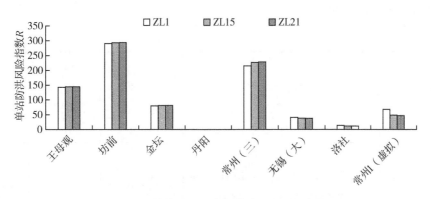

图 6-6   最优调度方案集单站防洪风险指数

表 6-24   钟楼闸调度其他相关站点日均最高水位变化

方案编号	计算最高日均水位(m)					
		钟楼闸上游			钟楼闸下游武澄锡虞区	
	太湖	扁担河	京杭运河(与扁担河交汇处)	德胜河(与十里横河交汇处)	青阳	陈墅
ZL21	4.86	6.32	6.39	6.10	4.94	4.87
较 ZL1 方案变化	0	0.04～0.07			−0.03～ −0.01	

6.4.4   综合效果分析

根据本书提出的调控有序概念,通过实现区域洪涝水多向有序分泄,达到保障区域防洪除涝安全的目的,以单个分泄方向调控方案优化成果为基础,构建区域优化调控方案集,见表 6-25。综合 6.4.1 节～6.4.3 节区域各项调控优化方案,提出武澄锡虞区调控有序技术方案,并以 30 个典型情景为对象开展优化效果分析。

表 6-25   区域调控有序技术方案构成表

调控对象		A1 方案	A2 方案
北向分泄	新沟河工程	XG7 方案	同 A1 方案
	沿江其他工程	YJG4 方案	同 A1 方案
东向分泄	蠡河船闸	按现状调度	无锡(大)站水位超过 3.90 m,开启蠡河枢纽相机东泄运河水,其间若太湖水位不超过 3.80～4.20 m,则望亭立交暂停泄水
上游挡洪	钟楼闸	ZL21 方案	同 A1 方案

鉴于前述构建的 30 个典型情景,综合考虑到时段内单日最大降雨量、峰值水位等多种因素,无法直接采用气象部门的雨量分类方法进行分类。为此,采用系统聚类分析法,综合考虑时段累计降雨量、时段平均日降雨量、时段最大日降雨量等因素,对 30 个典型情

景进行分类,详见表 6-26。

表 6-26 典型情景聚类分析结果

情景分类	对应时段起讫时间	降雨特征(mm)		
		时段累计降雨量	时段平均日降雨量	时段最大日降雨量
第一类	T23(2016 年 6 月 21 日-7 月 5 日)	445.1	31.8	82.2
第二类	T4(2015 年 5 月 27 日-6 月 4 日) T5(2015 年 6 月 15-19 日) T26(2016 年 9 月 14-18 日) T27(2016 年 9 月 28 日-10 月 2 日)	119.7~192.3	20.9~48.1	78.8~139.6
第三类	T6(2015 年 6 月 25-29 日) T28(2016 年 10 月 20-29 日)	226.6~254.4	25.2~63.6	71.1~113.0
第四类	T1(2015 年 3 月 17-21 日) T2(2015 年 4 月 2-8 日) T3(2015 年 5 月 15-19 日) T7(2015 年 7 月 6-12 日) T8(2015 年 7 月 16-20 日) T9(2015 年 7 月 23-28 日) T10(2015 年 8 月 9-13 日) T11(2015 年 8 月 22-26 日) T12(2015 年 9 月 4-7 日) T13(2015 年 9 月 28 日-10 月 2 日) T14(2015 年 11 月 12-19 日) T15(2015 年 12 月 9-12 日) T16(2016 年 1 月 4-7 日) T17(2016 年 4 月 5-9 日) T18(2016 年 4 月 15-27 日) T19(2016 年 5 月 8-12 日) T20(2016 年 5 月 18-23 日) T21(2016 年 5 月 27 日-6 月 3 日) T22(2016 年 6 月 8-13 日) T24(2016 年 7 月 11-17 日) T25(2016 年 8 月 2-8 日) T29(2016 年 11 月 7-10 日) T30(2016 年 12 月 25-29 日)	13.4~96.9	4.0~17.2	11.7~56.2

较方案 JC,调控有序 A1 方案综合考虑了北向分泄(新沟河工程扩大外排、沿江其他工程扩大外排)、上游挡洪(优化钟楼闸调度),调控有序 A2 方案在 A1 方案的基础上进一

步考虑了东向分泄(蠡河枢纽相机东泄)。

在水位安全度方面(表6-27),基于2015年、2016年30个典型情景的数学模型模拟分析发现,调控有序方案(A1、A2方案)下,① 当降雨量较大(即时段平均日降雨量>25 mm或最大单日降雨量>50 mm,且时段累计降雨量>100 mm,第一类、第二类、第三类情景)时,流域、区域、城市不同层面的水位安全度具有一定改善效果,且A2方案的改善效果总体优于A1方案;②当降雨量较小(即时段平均日降雨量<25 mm且时段累计降雨量<100 mm,第四类情景)时,不同情景的改善效果不一致,没有明显的规律。

表6-27 不同方案典型情景流域、区域、城市水位安全度变化情况

情景编号	t_1-t_2	流域、区域、城市水位安全度 ZF'				
		流域	区域			城区
			运河沿线	区域河网	平均	
		A1-JC方案				
T23	2016年6月21日-7月5日	0.001 2	0.023 2	−0.000 1	0.011 5	−0.007 3
T4	2015年5月27日-6月4日	0.003 8	0.000 3	0.003 6	0.001 9	−0.003 3
T5	2015年6月15-19日	0.000 8	−0.017 3	−0.007 1	−0.012 2	0.002 6
T26	2016年9月14-18日	−0.000 5	0.008 1	0.012 5	0.010 3	0.002 3
T27	2016年9月28日-10月2日	0.004 4	0.000 5	0.011 5	0.011 0	0.002 1
T6	2015年6月25-29日	0.004 5	−0.003 9	−0.007 8	−0.005 8	−0.024 9
T28	2016年10月20-29日	0.000 5	0.000 1	0.003 7	0.001 9	−0.000 1
		A2-JC方案				
T23	2016年6月21日-7月5日	0.001 0	0.023 7	0.000 0	0.011 9	−0.006 6
T4	2015年5月27日-6月4日	0.001 6	0.124 7	0.137 8	0.131 3	0.126 2
T5	2015年6月15-19日	0.063 8	0.139 9	0.123 7	0.131 3	0.076 8
T26	2016年9月14-18日	−0.000 5	0.008 0	0.011 4	0.009 7	0.001 4
T27	2016年9月28日-10月2日	0.004 4	0.002 4	0.011 3	0.011 8	0.002 0
T6	2015年6月25-29日	0.112 0	0.346 4	0.331 9	0.339 2	0.109 5
T28	2016年10月20-29日	−0.000 3	−0.002 5	−0.000 6	−0.001 6	−0.004 7
		A2-A1方案				
T23	2016年6月21日-7月5日	−0.000 2	0.000 6	0.000 1	0.000 3	0.000 7
T4	2015年5月27日-6月4日	−0.002 2	0.124 4	0.134 2	0.129 3	0.129 5
T5	2015年6月15-19日	0.063 0	0.157 2	0.130 8	0.144 0	0.074 2

（续表）

情景 编号	t_1-t_2	流域、区域、城市水位安全度 ZF'				
		流域	区域			城区
			运河沿线	区域河网	平均	
T26	2016 年 9 月 14—18 日	0.000 0	−0.000 1	−0.001 2	−0.000 7	−0.000 9
T27	2016 年 9 月 28 日—10 月 2 日	0.000 0	0.002 0	−0.000 2	0.000 9	−0.000 1
T26	2015 年 6 月 25—29 日	0.107 5	0.350 3	0.339 7	0.345 0	0.134 4
T28	2016 年 10 月 20—29 日	−0.000 9	−0.002 6	−0.004 3	−0.003 5	−0.004 6
警戒水位对应的水位安全度 $ZF_{警戒}$		0.180	0.120	0.150	0.140	0.100

注：A1-JC 方案是指 A1 方案相比 JC 方案的变化幅度，下同。

在水位过程方面，基于 2015 年、2016 年 30 个典型情景的降雨特征，武澄锡虞区中雨到暴雨主要发生在 5—10 月，因此进一步分析不同降雨年型、不同方案下区域、城市、流域不同层面代表站的水位变化过程，详见表 6-28 至表 6-30。可以发现，在 2015 年、2016 年型下，较 JC 方案，调控有序方案下，区域、城市、流域不同层面代表站水位在 5—10 月期间均有一定程度的下降。区域层面，运河沿线常州（三）站、无锡（大）站水位下降主要集中在 7 月，区域河网青阳站、陈墅站水位下降主要集中在 6—8 月；城市层面，常州三堡街站、无锡南门站水位下降主要集中在 6—8 月；流域层面，太湖水位下降主要集中在 7—8 月。

表 6-28　区域层面部分时段水位变化过程 单位：m

时间	2015 年				2016 年			
	常州（三）站		无锡（大）站		常州（三）站		无锡（大）站	
	A1-JC 方案	A2-JC 方案	A1-JC 方案	A2-JC 方案	A1-JC 方案	A2-JC 方案	A1-JC 方案	A2-JC 方案
6 月 20 日	−0.016	−0.016	0.007	−0.002	0	−0.001	−0.001	−0.002
6 月 21 日	0.031	0.031	0.001	−0.005	0	0	0.001	0
6 月 22 日	−0.017	−0.017	−0.081	−0.084	0	0	0	0.001
6 月 23 日	−0.03	−0.033	−0.134	−0.118	−0.002	−0.001	−0.001	−0.001
6 月 24 日	−0.031	−0.028	−0.068	−0.071	−0.004	−0.004	−0.001	0
6 月 25 日	−0.034	−0.034	−0.046	−0.054	−0.014	−0.015	−0.037	−0.048
6 月 26 日	−0.027	−0.029	−0.018	−0.024	−0.021	−0.024	−0.078	−0.09
6 月 27 日	−0.037	−0.038	−0.055	−0.057	−0.024	−0.025	−0.043	−0.052
6 月 28 日	−0.081	−0.081	−0.016	−0.015	−0.01	−0.012	−0.017	−0.02
6 月 29 日	−0.01	−0.001	0.089	0.073	−0.011	−0.011	−0.031	−0.032
6 月 30 日	−0.003	−0.001	0.025	0.019	0.056	0.045	−0.041	−0.048

(续表)

时间	2015 年				2016 年			
	常州(三)站		无锡(大)站		常州(三)站		无锡(大)站	
	A1-JC 方案	A2-JC 方案	A1-JC 方案	A2-JC 方案	A1-JC 方案	A2-JC 方案	A1-JC 方案	A2-JC 方案
7月1日	−0.006	−0.006	0.001	0.001	0.052	0.051	−0.032	−0.043
7月2日	−0.009	−0.009	−0.033	−0.033	0.061	0.06	−0.04	−0.047
7月3日	−0.071	−0.069	−0.073	−0.072	0.065	0.063	−0.119	−0.125
7月4日	0.038	0.037	−0.079	−0.078	0.193	0.194	−0.072	−0.08
7月5日	−0.021	−0.024	−0.095	−0.096	0.031	0.032	−0.015	−0.027
7月6日	−0.04	−0.041	−0.082	−0.081	−0.242	−0.242	0.026	0.021
7月7日	−0.04	−0.039	−0.058	−0.059	0.159	0.174	0.002	−0.002
7月8日	−0.042	−0.043	−0.075	−0.075	0.331	0.331	−0.12	−0.12
7月9日	−0.046	−0.046	−0.102	−0.102	0.067	0.067	−0.137	−0.133
7月10日	−0.03	−0.03	−0.063	−0.064	0.056	0.056	−0.069	−0.071
7月11日	−0.024	−0.024	−0.055	−0.055	0.062	0.063	−0.191	−0.201
7月12日	−0.041	−0.041	−0.052	−0.053	−0.176	−0.138	−0.216	−0.223
7月13日	−0.036	−0.037	−0.084	−0.083	0.014	0.052	−0.097	−0.057
7月14日	−0.029	−0.03	−0.084	−0.085	0.059	0.086	−0.009	−0.028
7月15日	−0.033	−0.033	−0.096	−0.096	0.114	0.127	0.008	−0.055
7月16日	−0.043	−0.044	−0.123	−0.123	0.062	0.06	0.008	−0.038
7月17日	−0.022	−0.022	−0.074	−0.079	0.026	0.029	−0.038	−0.041
7月18日	−0.015	−0.016	−0.005	−0.007	−0.017	−0.017	−0.098	−0.098
7月19日	−0.026	−0.027	−0.046	−0.049	−0.043	−0.045	−0.11	−0.111
7月20日	−0.042	−0.044	−0.097	−0.099	−0.042	−0.043	−0.093	−0.101

表 6-29　城市层面部分时段水位变化过程　　　　单位：m

时间	2015 年				2016 年			
	常州(三堡街)站		无锡(南门)站		常州(三堡街)站		无锡(南门)站	
	A1-JC 方案	A2-JC 方案	A1-JC 方案	A2-JC 方案	A1-JC 方案	A2-JC 方案	A1-JC 方案	A2-JC 方案
6月20日	−0.008	−0.011	−0.002	0.002	0	−0.001	0	−0.001
6月21日	0.03	0.027	0.004	0.003	0	0	0.001	0
6月22日	−0.019	−0.021	−0.015	−0.016	0	0.001	0	0.001

（续表）

时间	2015 年				2016 年			
	常州(三堡街)站		无锡(南门)站		常州(三堡街)站		无锡(南门)站	
	A1-JC 方案	A2-JC 方案	A1-JC 方案	A2-JC 方案	A1-JC 方案	A2-JC 方案	A1-JC 方案	A2-JC 方案
6 月 23 日	−0.076	−0.079	0.429	0.445	−0.001	0	−0.001	−0.001
6 月 24 日	−0.084	−0.082	−0.06	−0.063	−0.002	0.001	−0.001	−0.001
6 月 25 日	−0.041	−0.043	−0.046	−0.054	0.002	0.004	−0.018	−0.010
6 月 26 日	−0.027	−0.029	−0.017	−0.023	−0.002	−0.005	−0.007	−0.004
6 月 27 日	−0.025	−0.027	−0.053	−0.055	0.011	0.006	−0.003	0
6 月 28 日	0.315	0.313	−0.017	−0.016	0.002	0.005	0.001	−0.008
6 月 29 日	0.074	0.072	0.003	0.004	0	0.001	−0.002	0.001
6 月 30 日	−0.015	−0.028	0.041	0.042	−0.010	−0.006	0.001	−0.001
7 月 1 日	0.01	0.01	−0.007	−0.006	0.006	0.003	0	−0.003
7 月 2 日	0.007	0.006	0	0.001	0.005	0.005	−0.002	0.001
7 月 3 日	−0.028	−0.029	−0.003	−0.002	−0.018	−0.013	0.004	0.001
7 月 4 日	−0.065	−0.064	−0.011	−0.011	−0.014	−0.019	0.003	0.001
7 月 5 日	−0.137	−0.137	0.021	0.022	0.001	−0.008	−0.008	0.001
7 月 6 日	−0.132	−0.133	−0.018	−0.017	0.094	0.087	0.005	0.007
7 月 7 日	−0.128	−0.128	0.021	0.022	0.172	0.160	−0.011	−0.007
7 月 8 日	−0.127	−0.126	−0.012	−0.017	−0.086	−0.099	0	−0.003
7 月 9 日	−0.06	−0.06	0.49	0.49	−0.154	−0.162	−0.011	−0.001
7 月 10 日	−0.033	−0.033	0.575	0.574	−0.307	−0.336	0.011	−0.003
7 月 11 日	−0.025	−0.026	0.566	0.566	−0.352	−0.390	−0.031	−0.011
7 月 12 日	−0.044	−0.045	0.042	0.042	−0.140	−0.161	0.009	0.007
7 月 13 日	0.013	0.013	−0.001	−0.008	0.058	0.125	0.433	0.472
7 月 14 日	0.033	0.033	−0.002	−0.002	0.123	0.182	−0.004	−0.021
7 月 15 日	−0.043	−0.042	−0.002	0.004	0.021	0.041	0.007	−0.054
7 月 16 日	−0.063	−0.061	−0.024	−0.036	0.042	0.042	0.008	−0.036
7 月 17 日	−0.026	−0.027	0.476	0.471	−0.125	−0.122	0.001	−0.006
7 月 18 日	−0.015	−0.016	0.005	0.002	−0.016	−0.004	0.012	0.009
7 月 19 日	−0.033	−0.033	−0.045	−0.047	0	−0.002	−0.014	−0.019
7 月 20 日	−0.022	−0.022	−0.008	−0.01	0.007	0.049	0.007	0.034

表 6-30　流域层面部分时段水位变化过程　　　　　　　单位:m

| 时间 | 2015 年 | | 2016 年 | |
| | 太湖 | | 太湖 | |
	A1-JC 方案	A2-JC 方案	A1-JC 方案	A2-JC 方案
6 月 20 日	−0.008	−0.008	0	0
6 月 21 日	−0.01	−0.01	0	0
6 月 22 日	−0.011	−0.011	−0.001	0
6 月 23 日	−0.011	−0.011	−0.002	−0.001
6 月 24 日	−0.012	−0.011	−0.001	−0.001
6 月 25 日	−0.013	−0.012	−0.001	0
6 月 26 日	−0.013	−0.012	−0.002	−0.001
6 月 27 日	−0.013	−0.012	−0.003	−0.002
6 月 28 日	−0.013	−0.012	−0.004	−0.003
6 月 29 日	−0.017	−0.017	−0.004	−0.003
6 月 30 日	−0.019	−0.02	−0.005	−0.004
7 月 1 日	−0.02	−0.02	−0.007	−0.006
7 月 2 日	−0.02	−0.02	−0.009	−0.008
7 月 3 日	−0.02	−0.021	−0.008	−0.007
7 月 4 日	−0.021	−0.022	−0.012	−0.011
7 月 5 日	−0.027	−0.028	−0.018	−0.017
7 月 6 日	−0.036	−0.036	−0.018	−0.017
7 月 7 日	−0.043	−0.044	−0.014	−0.013
7 月 8 日	−0.045	−0.046	−0.015	−0.014
7 月 9 日	−0.04	−0.041	−0.015	−0.014
7 月 10 日	−0.031	−0.032	−0.013	−0.012

　　在区域排洪有序度方面,不同方案典型情景区域排洪有序度变化情况见表 6-31,当降雨量较大时,若时段平均日降雨量>25 mm 或最大单日降雨量>50 mm,且 100 mm<时段累计降雨量<180 mm(主要为第二类情景,即情景 T4、T26、T27),相较于 JC 方案,调控有序方案 A2 有一定改善效果;当平均日降雨量较小时(<25 mm)时,不同情景变化情况不完全一致,变化较为复杂。A2 方案与 A1 方案效果总体相当。

表 6-31　不同方案典型情景区域排洪有序度变化情况

情景编号	JC 方案	A1 方案	A2 方案	A1-JC 方案	A2-JC 方案	A2-A1 方案
T23	−0.09	−0.09	−0.1	0	−0.01	−0.01

（续表）

情景编号	JC 方案	A1 方案	A2 方案	A1-JC 方案	A2-JC 方案	A2-A1 方案
T4	−0.49	−0.45	−0.45	0.04	0.04	0
T5	−0.35	−0.36	−0.36	−0.01	−0.01	0
T26	−0.18	−0.17	−0.17	0.01	0.01	0
T27	−0.14	−0.12	−0.12	0.02	0.02	0
T26	−0.71	−0.77	−0.77	−0.06	−0.06	0
T28	0.06	0.01	0.01	−0.05	−0.05	0

在区域排水量方面,不同方案典型情景区域排水量变化情况见表 6-32,较 JC 方案,调控有序方案 A2 下,当平均日降雨量较大(>25 mm)时,北排水量方面,第一类情景(T23)、第二类情景(T4、T5、T6、T27)、第三类情景中的 T6 均表现为北排长江水量增加,增幅主要为 0.10 亿~0.36 亿 m³;东排望虞河方面,第二类情景(T4、T5、T6、T27)、第三类情景(T6、T28)均表现为东排望虞河水量增加,增幅为 0.01 亿~0.14 亿 m³;南排太湖方面,第一类情景(T23)南排太湖水量减少 0.05 亿 m³,第二类情景(T4、T5、T6、T27)、第三类情景(T6、T28)南排太湖水量基本保持不变;排入运河方面,第一类情景、第二类情景、第三类情景均表现为排入运河水量减少,减幅为 0.01 亿~0.12 亿 m³;总外排水方面,T23、T5、T6、T28 总外排水量有所减少,T4、T26、T27 总外排水量有所增加。

表 6-32 不同方案典型情景区域排水量变化情况 单位:亿 m³

情景编号	A2-JC 方案					A2-A1 方案				
	北排长江	东排望虞河	南排太湖	排入运河	总外排水量	北排长江	东排望虞河	南排太湖	排入运河	总外排水量
T23	0.36	−0.05	−0.05	−0.12	−0.26	−0.09	0.11	−0.05	−0.06	−0.08
T4	0.10	0.01	−0.00	−0.01	0.09	−0.00	0.02	−0.00	−0.01	0.00
T5	0.14	0.03	−0.01	−0.01	−0.02	0.00	0.02	−0.01	−0.02	0.00
T26	0.17	0.00	−0.00	−0.05	0.11	0.01	0.04	−0.00	−0.03	0.02
T27	0.11	0.03	−0.00	−0.04	0.12	−0.02	0.05	−0.00	−0.03	−0.00
T6	0.01	0.02	−0.01	−0.02	−0.19	−0.00	0.03	−0.01	−0.02	−0.01
T28	−0.17	0.14	0.02	−0.06	−0.08	−0.28	0.15	0.02	−0.04	−0.15

综上所述,总体来看,调控有序 A2 方案增加了沿江北向泄水,优化了钟楼闸上游挡洪,并考虑了蠡河枢纽在流域大洪水期间相机东泄,对于大雨及暴雨情景(平均日降雨量>25 mm 或最大单日降雨量>50 mm,且时段累计降雨量>100 mm),武澄锡虞区防洪除涝安全保障具有较好的效果,区域北排长江水量、东排望虞河水量有所增加,南排太湖水量、排入运河水量有所减少,运河沿线、区域河网、城区的水位安全度有所提升,汛期区域、城市、流域不同层面水位在不同时段有一定下降,同时不会对流域防洪产生不利影响,达到了调控有序方案的设计目的。

6.5 小结

本章构建了代表站水位安全度 ZF、区域排洪有序度 DS、外排工程排洪能力适配度 DF 等指标，通过上述定量化指标客观反映区域分向泄水情况。实际工况下（考虑了部分在建、新建工程），当平均日降雨量较大（＞25 mm，6 个情景）时，流域、区域、城区防洪除涝安全存在不同程度的风险；当平均日降雨量较小（＜25 mm，24 个情景）时，除个别情景如 T24 外，$ZF_{流域}$、$ZF_{区域}$、$ZF_{城区}$ 均大于 0。实际工况下区域排洪有序度 DS 为 −0.71~0.60，在实际工况规则调度条件下，调度以预设的参考站水位控制值为主要约束，参考站水位变化又受时段降雨和调度作用的影响，区域排洪有序度受时段初始水位的影响较小，而受时段累计降雨量的影响较大，且时段累计降雨量越大，区域排洪有序度越低。

在北排优化（即北排长江）方面，通过扩大新沟河外排（在抬高直武地区入太湖的调度参考水位至 4.80 m 的基础上，结合运河沿线水位变化启用江边枢纽）、扩大武澄锡虞区低片和高片外排（低片：适当降低常州、青阳等区域代表站参考水位；高片：适当降低无锡代表站参考水位），分步逐渐提高了区域北排工程的外排能力，有效提升了流域、区域、城区水位安全度，区域整体防洪排涝安全保障程度得到提升，2016 年典型时段（T23）$ZF_{流域}$ 可增加 11.28%、$ZF_{区域}$ 可增加 3.09%、$ZF_{城区}$ 可增加 29.57%。

在相机东泄（即苏南运河经由蠡河枢纽泄入望虞河）方面，武澄锡虞区通过蠡河枢纽相机东泄的适宜时机为无锡（大）站水位超过 3.90 m、太湖水位不超过 3.80~4.20 m，即当无锡（大）站水位超过 3.90 m 时开启蠡河枢纽相机东泄运河水，蠡河枢纽开启期间若太湖水位不超过 3.80~4.20 m，则望亭立交暂停泄水。采用相机东泄调度后，在蠡河枢纽发挥最大泄水潜力的情况下，2015 年、2016 年典型时段（T5、T6、T23）无锡（大）站最高水位可降低 1~3 cm。

在上游挡洪（即利用钟楼闸抵挡湖西区来水）方面，其策略为降低关闸挡洪调度参考水位或抬高开闸泄水参考水位，以增加钟楼闸启用挡洪时间，通过错时错峰调度钟楼闸工程，平衡运河上下游洪水风险；在钟楼闸的关闸挡洪参考水位为常州水位 5.10 m 或无锡水位 4.50 m，钟楼闸的开闸泄水水位为丹阳站水位 7.00 m 情况下，上游挡洪效果最优，防洪风险指数下降幅度最大。

综合北排优化、相机东泄、上游挡洪形成调控有序技术方案 A2，对于大雨及暴雨情景（平均日降雨量＞25 mm 或最大单日降雨量＞50 mm，且时段累计降雨量＞1 00 mm），武澄锡虞区防洪除涝安全保障具有较好的效果，区域北排长江水量、东排望虞河水量有所增加，南排太湖水量、排入运河水量有所减少，运河沿线、区域河网、城区的水位安全度有所提升，汛期区域、城市、流域不同层面水位在不同时段有一定下降，同时不会对流域防洪产生不利影响，达到了调控有序方案的设计目的。

7 武澄锡虞区防洪除涝安全保障技术及实施效果分析

7.1 区域防洪除涝安全保障技术

按照蓄泄兼筹的思路,厘清武澄锡虞区区域、城区、圩区防洪除涝治理重在"以时间换空间、以空间换时间、把无序变有序",提前预降水位,腾出河网调蓄空间,利用节点工程错时错峰调度[63],削减洪涝峰值,使得区域洪水、城市圩区涝水有效排泄,统筹自排与抽排之间的关系,体现水系连通、城乡两利、蓄泄兼筹、上下游协调、左右岸兼顾、干支流配合[64]。区域、城区、圩区不同层面防洪除涝治理要点如图 7-1 所示。

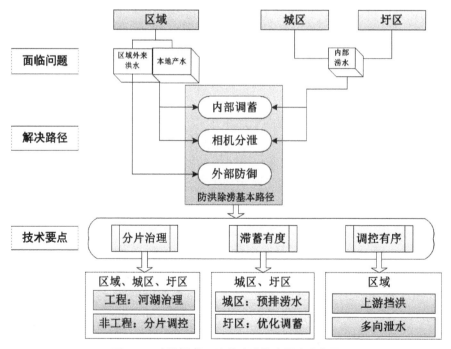

图 7-1 武澄锡虞区防洪除涝技术要点分析图

基于前述武澄锡虞区防洪除涝安全保障技术研究,提炼形成高城镇化水网区"分片治理-滞蓄有度-调控有序"防洪除涝安全保障技术。其技术方法为,分析研究区域河湖水系连通特性、排泄水骨干通道、控制性工程等基本情况,将研究区域划分不同层级、多维尺度的治理分片,提出分片治理方案,形成分片治理技术;利用水文水动力数学模型,分析区域大系统、城区中系统、圩区小系统的水网滞蓄能力和滞蓄潜力,提出区域蓄泄关系优化方案,形成滞蓄有度技术;按照流域统筹和区域协调原则,构建区域-城区-圩区防洪除涝联合优化调度模型,充分考虑排泄水骨干通道的滞蓄能力,安排区域、城区、圩区的洪水和涝水的排泄路径和排泄时机,以提高系统滞蓄能力、畅通排泄水出路,针对洪水和涝水形成的时差,科学调度控制性工程,制订错时调度方案,形成调控有序技术,综合形成区域"分片治理-滞蓄有度-调控有序"防洪除涝安全保障技术,如图 7-2 所示。

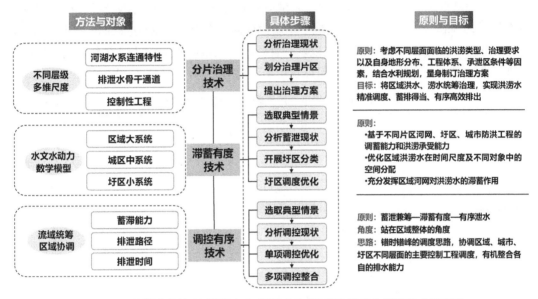

图 7-2 区域"分片治理-滞蓄有度-调控有序"防洪除涝安全保障技术示意图

7.2 技术实施效果分析

7.2.1 计算条件

针对武澄锡虞区实际工况(已包含部分在建、新建工程)进行区域"分片治理-滞蓄有度-调控有序"防洪除涝安全保障技术效果论证。由第 6 章分析可知,2015 年、2016 年典型情景中 T23(区域累计降雨量为 445.1 mm,平均日降雨量为 31.8 mm,雨强类型为大雨)现状防洪除涝风险最大,为此将提出的防洪除涝安全保障技术应用于 T23 情景,开展保障技术实施效果分析。

7.2.2 效果分析

针对 T23 情景,应用区域"分片治理-滞蓄有度-调控有序"防洪除涝安全保障技术后,武澄锡虞区内部滞蓄水量有所增加,通过圩外河网、城防及圩区的合理调蓄进而优化了区域洪涝水的时空分布,尽管河网调蓄水量有所增加,但水位站水位超过保证水位的幅度或历时有所减少,河网对于洪涝水调蓄作用的潜力得到更好的发挥。武澄锡虞区北排长江的泄水比例有所增加,南排太湖的泄水比例有所减少,钟楼闸更好地发挥了拦截上游洪水的作用,区域多向分泄配比得到优化,形成了调控有序的防洪除涝格局。在同等的初始水位和降雨条件下,代表站水位安全度、区域防洪风险指数的降低是区域"分片治理-滞蓄有度-调控有序"防洪除涝安全保障技术实施效果最直接的表征。针对 T23 情景,应用该项技术后由常州(三)站、无锡(大)站、陈墅站、青阳站四站平均水位表示的武澄锡虞区区域最高水位由5.28 m 降至5.23 m,水位超过各站保证水位的幅度或历时有所减少,区域平均水位安全度 $ZF'_{区域}$ 由−0.13 提升至−0.12,无锡(大)站、陈墅站防洪风险指数 R 较基础方案分别降低 10.6%、21.2%,青阳站防洪风险指数 R 无明显变化,常州(三)站防洪风险指数 R 较基础方案升高 5.7%,区域平均防洪风险指数 R 由基础方案的35.0 降至34.6。进一步分析常州(三)站水位变化,可以发现常州(三)站最高水位较基础方案有所降低,防洪风险指数增加主要是由于该站超保证水位历时略有增加,详见表 7-1。

表 7-1　T23 情景下武澄锡虞区防洪安全程度对比

统计项		基础方案 (未应用该技术)	应用该技术	变幅
区域最高 水位(m)	常州(三)	6.38	6.16	−0.22
	无锡(大)	4.94	4.96	0.02
	陈墅	4.87	4.87	0
	青阳	4.92	4.95	0.03
	区域平均	5.28	5.23	−0.05
水位安 全度 ZF'	运河沿线	−0.21	−0.19	0.02
	区域河网	−0.05	−0.05	0
	区域平均	−0.13	−0.12	0.01
区域防洪 风险指数 R	常州(三)	92.2	97.5	5.7%
	无锡(大)	26.3	23.5	−10.6%
	陈墅	17.9	14.1	−21.2%
	青阳	3.6	3.6	0.0%
	区域平均	35.0	34.6	−1.1%

注:表中区域最高水位为常州(三)站、无锡(大)站、陈墅站、青阳站多站平均水位;区域最高水位、水位安全度的变幅以差值计;区域防洪风险指数的变幅以变化百分比计。

　　上述结果表明,针对 T23 情景应用区域"分片治理-滞蓄有度-调控有序"防洪除涝安全保障技术后,总体上区域河网防洪安全程度有所提升,可认为该项技术在以武澄锡虞区为代表的高度城镇化水网区具有较好的应用效果。以下具体从分片治理效益、河网蓄泄特征、多向泄水格局等方面论证该项技术的实施效果。

　　1. 分片治理效益分析

　　本书采用分片治理技术方法对武澄锡虞区进行分片治理研究,在武澄锡低片、澄锡虞高片的基础上,进一步进行二级分区划分。其中,武澄锡低片二级分片为运北片和运南片两个片区,澄锡虞高片二级分片为北部沿江、中部、南部三片,武澄锡低片的二级分片再细分为三级片,运北片分为沿江片和中部河网片,运南片分为西、中、东三片,形成三级分片并嵌套圩区的区域分片治理格局。在治理分片的基础上,提出了各分片治理方案,对于澄锡虞高片北部沿江片区主要是进行圩堤达标、扩大河道外排,中部片区主要是对现有河道进行连通和疏浚,南部片区主要是圩堤达标建设和实施联圩并圩;对于武澄锡低片运北片主要是增大沿江口门排涝能力,同时辅以发挥圩区调蓄作用,运南片主要是圩区河道治理、内部调蓄及已有工程调度优化。经过分片治理研究,进一步厘清了武澄锡虞区区域、城区、圩区等不同层面防洪除涝格局和治理方向,为开展河网滞蓄有度研究、水利工程调控有序研究奠定了基础。

2. 河网蓄泄特征分析

应用区域"分片治理-滞蓄有度-调控有序"防洪除涝安全保障技术后,针对 T23 情景,由于对常州城市防洪工程、常州采菱东南片、无锡城市防洪工程、无锡玉前大联圩等主要城防工程和圩区实施了提前预降水位,并且增加了武澄锡虞区圩区调蓄水深,武澄锡虞区河网蓄泄特征得到优化,河网总滞蓄水量较基础方案(未应用该技术)增加 1.9%。从圩外河网实际滞蓄水深来看,应用该项技术后常州(三)站实际滞蓄水深较基础方案减少 0.24 m,无锡(大)站、陈墅站、青阳站三站实际滞蓄水深较基础方案无明显变化。以常州三堡街站、无锡南门站分别代表常州、无锡城市防洪工程内部水位,从城防和圩区实际滞蓄水深来看,应用该项技术后常州城市防洪工程、常州采菱东南片、无锡城市防洪工程、无锡玉前大联圩内部实际滞蓄水深较基础方案增加 0.21~0.65 m,表明区域滞蓄水量的增加主要在城防及圩区内部。由于河网自身发挥了更大的调蓄作用,区域净外排水量 W_{out} 较基础方案减少 1.6%,因而区域蓄泄比 SDR 较基础方案略有增加。详见表 7-2、图 7-3、图 7-4。

表 7-2 T23 情景下武澄锡虞区河网蓄泄特征对比

统计项		基础方案(未应用该技术)	应用该技术	变幅
蓄泄特征	区域河网滞蓄水量 S(万 m³)	27 264	27 787	1.9%
	区域净外排水量 W_{out}(万 m³)	131 225	129 099	−1.6%
	区域蓄泄比 SDR	0.21	0.22	0.01
实际滞蓄水深(m)	圩外河网 常州(三)	2.41	2.17	−0.24
	无锡(大)	1.30	1.30	0
	陈墅	1.39	1.40	0.01
	青阳	1.25	1.27	0.02
	主要城防(圩区) 常州三堡街	0.74	1.39	0.65
	常州采菱东南片	0.14	0.71	0.57
	无锡南门	−0.40	0.20	0.60
	无锡玉前大联圩	0.05	0.26	0.21

注:表中蓄泄特征中区域河网滞蓄水量、区域净外排水量的变幅以变化百分比计;区域蓄泄比、实际滞蓄水深的变幅以差值计。

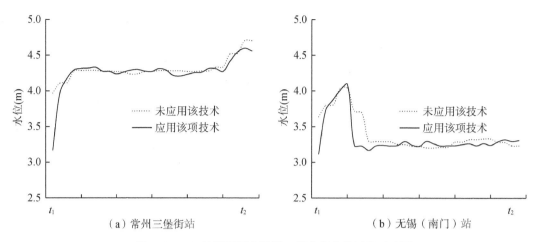

（a）常州三堡街站　　　　　　　　　　（b）无锡（南门）站

图 7-3　T23 情景下城市防洪工程内部水位过程对比图

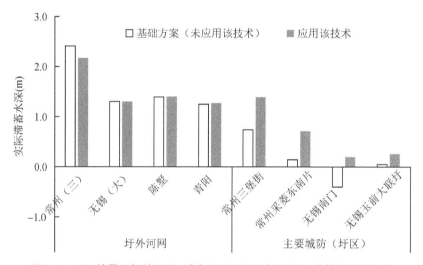

图 7-4　T23 情景下圩外河网、城市防洪工程及圩区实际滞蓄水深对比图

3. 多向泄水格局分析

基础方案中，T23 情景北排长江、东排阳澄淀泖区（含入望虞河以及运河下泄）、南排太湖三个方向的泄水水量分别为 9.34 亿 m³、4.02 亿 m³、1.11 亿 m³，相应的三向泄水水量占总外排水量的比例分别为 0.645、0.278、0.077。应用区域"分片治理-滞蓄有度-调控有序"防洪除涝安全保障技术后，北排长江、东排阳澄淀泖区、南排太湖三个方向的泄水水量分别为 9.93 亿 m³、3.85 亿 m³、0.67 亿 m³，相应的三向泄水比例分别为 0.687、0.266、0.046。由于无法直接估算得到钟楼闸上游挡洪量，因此以钟楼闸下泄水量间接表征钟楼闸发挥的挡洪作用大小。基础方案中钟楼闸下泄水量为 0.97 亿 m³，应用该项技术后，钟楼闸下泄水量为 0.81 亿 m³，较基础方案减少 16.5%。由表 7-3、图 7-5 可见，应用该项技术后，武澄锡虞区多向泄水格局得到优化，北排长江的泄水比例有所增加，南排入太湖的泄水比例有所减少，钟楼闸更好地发挥了拦截上游洪水的作用，区域多向分泄配比得到优化，形成了调控有序的防洪除涝格局。

表 7-3   T23 情景下多向泄水格局对比

统计项			基础方案（未应用该技术）	应用该技术	变幅
单向外排/来水水量（亿 m³）	北排长江		9.34	9.93	6.3%
	东排阳澄淀泖区	入望虞河	2.93	2.89	−1.4%
		运河下泄	1.09	0.96	−11.9%
	南排太湖		1.11	0.67	−39.6%
	上游钟楼闸下泄		0.97	0.81	−16.5%
总外排水量（亿 m³）			14.47	14.45	−0.3%
单向分泄比例	北排长江		0.645	0.687	0.04
	东排阳澄淀泖区	入望虞河	0.203	0.200	0.00
		运河下泄	0.075	0.066	−0.01
	南排太湖		0.077	0.046	−0.03

注：本表中单向分泄比例分别为北排长江、东排阳澄淀泖区、南排太湖三个方向的泄水水量占总外排水量的比例。

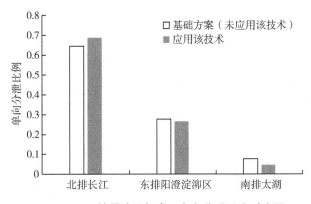

图 7-5   T23 情景武澄锡虞区多向分泄配比对比图

7.3   小结

本章通过选取武澄锡虞区近年来最不利水情条件（2016 年 6 月强降雨），对武澄锡虞区"分片治理－滞蓄有度－调控有序"防洪除涝安全保障技术的实施效果进行验证。研究结果表明：应用该技术后，区域代表站时段最高水位平均下降 5 cm，水位安全度提升 0.03，区域防洪风险指数下降 1.1%，区域河网防洪安全程度总体提升；区域净外排水量减少 1.6%，河网自身发挥了更大的调蓄作用，钟楼闸更好地发挥了拦截上游洪水的作用，北排长江的泄水比例有所增加，南排入太湖的泄水比例有所减少，区域防洪除涝格局得到进一步优化。

| **8** | # 成果与展望 |

本书在对武澄锡虞区基本情况、国内外研究进展梳理分析的基础上,分析武澄锡虞区防洪除涝现状、防洪除涝安全保障存在问题及需求、面临形势,梳理了区域-城区-圩区防洪除涝技术要点,研究提出了武澄锡虞区分片治理技术方案、滞蓄有度技术方案、调控有序技术方案,提炼形成高城镇化水网区"分片治理-滞蓄有度-调控有序"防洪除涝安全保障技术,可为武澄锡虞区防洪除涝安全保障水平的提升提供技术支撑,也可为国内类似高城镇化水网区防洪除涝安全保障工作提供一定参考。

8.1 主要成果

1. 研发了高城镇化水网区"分片治理-滞蓄有度-调控有序"防洪除涝安全保障技术

以区域、城区、圩区防洪安全保障为目标,综合考虑区域自然地理特点、经济社会发展状况、河湖水系连通特性与水体流动格局、水利工程调控能力,统筹区域大系统、城区中系统、圩区小系统的不同治理要求,划分不同层级、多维尺度的治理分片,协调流域、区域、城市主要控制工程调度,充分发挥沿长江骨干工程北排能力、区域内部河网调蓄功能、圩区滞蓄作用,均衡区域上下游、运河左右岸防洪风险水平,促进区域洪涝水有序蓄泄,形成了适用于高城镇化水网区的"分片治理-滞蓄有度-调控有序"防洪除涝安全保障技术,具体包含分片治理技术、滞蓄有度技术、调控有序技术3个方面。

分片治理技术旨在解决高城镇化水网区内部自然禀赋条件不一、经济社会发展不平衡、洪涝治理需求不一致的问题。其基本方法是调查分析区域、城市、圩区等不同层面的地形地势空间特征、河湖水系结构和功能完整性、防洪工程体系健全程度、承泄区经济社会发展状况和蓄滞能力等,划分不同层级、多维尺度的治理分片;在此基础上,充分衔接相关流域、区域、城市防洪规划(或治理)分区安排,优化形成分片治理方案,达到洪涝水精准治理的目的。

滞蓄有度技术旨在解决高城镇化水网区圩区内外洪涝风险水平不平衡的问题。其基本方法是引入区域蓄泄比 SDR、河网滞蓄状态 SST、河网滞蓄量占比 P、单位面积滞蓄水量 AS、区域防洪风险指数 R 等指标,定量评估不同片区河网、圩区、城市防洪工程的调蓄能力和洪涝承受能力,优化区域洪涝水在时间尺度及空间尺度不同对象间的分配,充分发挥区域河网对洪涝水的滞蓄作用,达到降低区域整体防洪风险目的。

调控有序技术旨在解决区域、城市、圩区不同层面工程众多、协调调度难度大的问题。其基本方法是立足区域整体,采用河网代表站水位安全度 ZF、区域排洪有序度 DS、外排工程排洪能力适配度 DF 等指标,定量分析区域洪涝水蓄泄格局合理性;在实现滞蓄有度的基础上,按照错时错峰的调度思路,分析多向泄水的实现路径、优先次序,协调区域、城市、圩区不同层面的主要控制工程调度,有机整合各自的排水能力,实现区域洪涝水的有序排泄,保障区域、城市、圩区不同层面防洪安全。

2. 制订了武澄锡虞区防洪除涝安全提升方案

运用分片治理技术,将武澄锡虞区细分为 8 个分片,其中武澄锡低片 5 个,澄锡虞高片 3 个,形成三级分片并嵌套圩区的区域分片治理格局,其中一级分片分为武澄锡低片、澄锡虞高片。武澄锡低片二级分片为运北片、运南片两区,澄锡虞高片二级分片为北部沿江、中部、南部三片;武澄锡低片的二级分片再细分为三级片,运北片分为沿江片、中部河网片两片,运南片分为西、中、东三片。基于问题导向、目标导向,因地制宜对不同分片提出了防洪除涝治理方案。

运用滞蓄有度技术,针对武澄锡虞区圩区众多、分布广泛的特征,定量评估武澄锡虞区区域蓄泄情况和防洪风险,将武澄锡虞区圩区分为 5 类,在保证圩区(城防)防洪除涝安全的前提下,通过增加不同类型圩区滞蓄水深、提前预降等策略,可以优化区域洪涝水在圩外河网、城防及圩区等不同对象中的时空分布,部分情景下区域防洪风险指数 R 值较基础方案降低 15.9%~38.6%,具有较好的应用效果。

运用调控有序技术,针对武澄锡虞区防洪除涝总体格局,形成了"北排优化、相机东泄、上游挡洪"的具体调控有序优化思路,在单项调控优化的基础上进行了整合研究,综合北排优化、相机东泄、上游挡洪形成了武澄锡虞区调控有序技术方案 A2。对于大雨及暴雨情景(平均日降雨量>25 mm 或最大单日降雨量>50 mm,且时段累计降雨量>100 mm),武澄锡虞区防洪除涝安全保障技术具有较好的效果,区域北排长江水量、东排望虞河水量有所增加,南排太湖水量、排入运河水量有所减少,运河沿线、区域河网、城区的水位安全度有所提升,汛期区域、城市、流域不同层面水位在不同时段有一定下降,同时不会对流域防洪产生不利影响,达到了调控有序方案的设计目的。

8.2 展望

目前,高城镇化水网地区普遍存在洪水外排能力不足、区域及城市防洪调度重"泄"轻"蓄"、圩区调度无序、实际洪水调度与调度方案不协调、多目标调度统筹难度大等问题。本书提出的防洪除涝安全提升技术作用的发挥有赖于完备的水利工程体系和高效的调度管理水平。鉴于此,需要及时补齐区域防洪工程体系短板和调度管理的薄弱环节,促进实现区域防洪除涝效益最大化。

以太湖流域武澄锡虞区为例,虽然现状水利工程体系调度方案的优化对于保障区域-城区-圩区防洪除涝安全具有一定促进作用,但是受限于其特殊的地理位置条件、现状工程基础等因素,面对强降雨,软技术对于区域防洪除涝安全的提升作用还是有限的,未来还需要进一步加强完善区域防洪减灾工程体系和非工程体系建设。

在工程体系建设方面,建议进一步加强区域骨干工程建设和片区内部重要工程建设。对于武澄锡低片,其重点是在区域河网水系主框架的基础上,进一步延展和优化水系布局,通过拓浚、疏浚和沟通水系等工程措施,改善河网水系结构;对于澄锡虞高片,以理顺水系为重点,增强片区北排能力和横向连通能力,满足防洪排涝的要求。

在非工程措施方面,建议在流域调度的总体框架下,协调流域-区域-城区-圩区调度需求,完善区域骨干工程调度方案,提出城市防洪包围和圩区调度指导性意见,提出区域统一的圩区治理格局、建设标准和分类管理要求,建立覆盖区域、城区、圩区工程的统一管理和调度平台,同步建立区域统一的防洪减灾应急管理体系,加快构建具有"四预"(预警、预报、预演、预案)功能的智慧水利体系,完善防洪政策法规,构建全面的防洪减灾体系。

参考文献

［1］ 胡庆芳,张建云,王银堂,等.城市化对降水影响的研究综述[J].水科学进展,2018,
29(1):138-150.

［2］ 王立新,王健.高度城市化地区水的综合治理方法和实践[J].中国水利,2020(10):
1-6.

［3］ 吴娟,林荷娟,季海萍,等.城镇化背景下太湖流域湖西区汛期入湖水量计算[J].水科
学进展,2021,32(4):577-586.

［4］ 黄国如,陈易偲,姚芝军.高度城镇化背景下珠三角地区极端降雨时空演变特征[J].
水科学进展,2021,32(2):161-170.

［5］ 赵刚,史蓉,庞博,等. 快速城市化对产汇流影响的研究:以凉水河流域为例[J]. 水力
发电学报,2016,35(5):55-64.

［6］ 焦圆圆,徐向阳,徐红娟. 城市化圩区排涝模数与主要影响因素间的关系分析[J].
中国给水排水,2008(4):40-43.

［7］ 阮仁良. 平原河网地区水资源调度改善水质的理论与实践[M]. 北京:中国水利水电
出版社,2006.

［8］ 方生,陈秀玲. 地下水开发引起的环境问题与治理[J]. 地下水,2001(1):8-11.

［9］ 王建华,江东,陈传友.我国洪涝灾害规律的研究[J].灾害学,1999,14(3):36-40.

［10］ 中国网·中部纵览.全国已经建成了 98000 多座水库 总库容 8983 亿立方米[EB/
OL].(2021-9-10)[2022-4-1].http://henan. china. com. cn/tech/2021-09/10/
content_41670967.htm.

［11］ 皮晓宇.城市防洪系统综合评价研究[D].南京:河海大学,2006.

［12］ 马军建,王春霞,董增川.复杂防洪体系联合优化调度理论与方法研究进展[J].水力
发电,2005(3):17-21.

［13］ OZDEN M. A Binary State DP algorithm for operation problems of multireservoir
systems[J]. Water Resources Research,1984,20(1):9-14.

［14］ 陈赞成. 大系统分解协调算法及其应用研究[D]. 厦门:厦门大学,2001.

［15］ 李爱玲. 水电站水库群系统优化调度的大系统分解协调方法研究[J].水电能源科
学,1997(4):58-63.

［16］ 吴昊,纪昌明,蒋志强,等. 梯级水库群发电优化调度的大系统分解协调模型[J].

水力发电学报,2015,34(11):40-50.

[17] 杨洪林,章杭惠,龚政.太湖流域骨干工程的防洪调度[A]//太湖高级论坛交流文集[C].上海:中国水利学会,2004:94-99.

[18] 胡炜.大型平原河网地区防洪系统模拟与调度研究[D].南京:河海大学,2007.

[19] 王静,王艳艳,李娜,等.2016年太湖流域洪灾损失及骨干工程防洪减灾效益评估研究[J].水利水电技术,2019,50(9):176-183.

[20] 王艳艳,王静,胡昌伟,等.太湖流域应对特大洪水防洪工程效益模拟[J].水科学进展,2020,31(6):885-896.

[21] 徐天奕,刘克强,李琛,等.太湖流域大尺度洪涝淹没仿真模型的建立及应用[J].水利水电科技进展,2021,41(4):40-45.

[22] 徐向阳,张超,沈晓娟.关于太湖流域防洪标准的讨论[J].湖泊科学,2006(4):414-418.

[23] 梅青,章杭惠.太湖流域防洪与水资源调度实践与思考[J].中国水利,2015(9):19-21,27.

[24] 王柳艳,许有鹏,余铭婧.城镇化对太湖平原河网的影响——以太湖流域武澄锡虞区为例[J].长江流域资源与环境,2012,21(2):151-156.

[25] 蔡娟.太湖流域腹部城市化对水系结构变化及其调蓄能力的影响研究[D].南京:南京大学,2012.

[26] 王丹青,许有鹏,王思远,等.城镇化背景下平原河网区暴雨洪水重现期变化分析——以太湖流域武澄锡虞区为例[J].水利水运工程学报,2019(5):27-35.

[27] 高俊峰,韩昌来.太湖地区的圩及其对洪涝的影响[J].湖泊科学,1999,11(2):105-109.

[28] 徐炳丰.昆山市圩区综合治理实践经验浅谈[J].水利发展研究,2013,13(4):51-53.

[29] 高俊峰,毛锐.太湖平原圩区分类及圩区洪涝分析——以湖西区为例[J].湖泊科学,1993,5(4):307-315.

[30] 王燕.安徽省沿江圩区农田排涝模计算[J].水利经济,2000(4):40-45.

[31] 秦莹.苏南圩区水系优化规划方法与应用[D].扬州:扬州大学,2010.

[32] 刘克强,李敏.平原河网地区圩区建设与规划的几点思考[J].水利规划与设计,2009(5):20-21,54.

[33] 张聪.圩区治理与河道整治关系的探讨[J].智能城市,2020,6(4):192-193.

[34] 刘海针,许有鹏,林芷欣,等.太湖平原武澄锡虞区水系结构及水文连通性变化分析[J].长江流域资源与环境,2021,30(5):1069-1075.

[35] 展永兴.太湖流域武澄锡虞区防洪规划[D].南京:河海大学,2005.

[36] 徐金龙.武澄锡低片规划中几个问题的认识[J].江苏水利科技,1994(3):4-7.

[37] 吴浩云,陆志华.太湖流域治水实践回顾与思考[J].水利学报,2021,52(3):277-290.

[38] 王同生,周宏伟.江南运河洪涝分析及治理对策探讨[J].中国水利,2018(15):16-18,44.

[39] BLOOM D E, CANNING D, FINK G. Urbanization and the wealth of nations[J]. Science, 2008, 319(5864): 772-775.

[40] 姜文来, 冯欣, 栗欣如, 等. 习近平治水理念研究[J]. 中国农业资源与区划, 2020, 41(4):1-10.

[41] 韩龙飞, 许有鹏, 杨柳, 等. 近50年长三角地区水系时空变化及其驱动机制[J]. 地理学报, 2015, 70(5):819-827.

[42] BOCCALETTI S, LATORA V, MORENO Y, et al. Complex networks: Structure and dynamics[J]. Physics Reports, 2006, 424(4-5):175-308.

[43] HU B Q, WANG H J, YANG Z S, et al. Temporal and spatial variations of sediment rating curves in the Changjiang (Yangtze River) basin and their implications[J]. Quaternary International, 2011, 230(1-2): 34-43.

[44] 袁雯, 杨凯, 吴建平. 城市化进程中平原河网地区河流结构特征及其分类方法探讨[J]. 地理科学, 2007(3):401-407.

[45] 袁雯, 杨凯, 唐敏, 等. 平原河网地区河流结构特征及其对调蓄能力的影响[J]. 地理研究, 2005(5):717-724.

[46] 徐迎春, 海燕, 王志涛. 安徽省淮河流域易涝分区与治理策略[J]. 中国防汛抗旱, 2020, 30(8):21-24.

[47] 岳金隆, 邢小燕, 夏成亮. 泗阳县农田水利工程的分区治理模式探究[J]. 江苏水利, 2015(10):41-42,45.

[48] 高俊峰, 高永年, 张志明. 湖泊型流域水生态功能分区的理论与应用[J]. 地理科学进展, 2019, 38(8):1159-1170.

[49] 罗志东. 水土保持基础空间管理单元划分理论与方法研究[D]. 北京:北京林业大学, 2019.

[50] 刘宁. 大江大河防洪关键技术问题与挑战[J]. 水利学报, 2018, 49(1):19-25.

[51] 陈茂满. 洪泽湖蓄泄关系与淮河中下游防洪[J]. 水利规划与设计, 2004(2):27-31,47.

[52] 朱岳明, 刘立军. 从排涝角度论平原河网地区水域调蓄能力的重要性[J]. 浙江水利科技, 2005(5):26-27.

[53] 郭铁女, 余启辉. 长江防洪体系与总体布局规划研究[J]. 人民长江, 2013, 44(10):23-27,36.

[54] 许明祥. 浅析湖泊水利规划中的几个主要技术问题[J]. 人民长江, 2014, 45(16):1-4.

[55] 王跃峰, 许有鹏, 张倩玉, 等. 太湖平原区河网结构变化对调蓄能力的影响[J]. 地理学报, 2016, 71(3):449-458.

[56] 王腊春, 许有鹏, 周寅康, 等. 太湖水网地区河网调蓄能力分析[J]. 南京大学学报(自然科学版), 1999(6):3-5.

[57] 李兴学. 钱塘江流域水库群防洪预报调度研究[D]. 南京:河海大学, 2007.

[58] 张清武. 基于熵权的多目标决策防洪预报调度方式优选[D]. 大连:大连理工大学, 2009.

［59］李志远.水库防洪调度方案优选及库淀联合防洪调度问题的研究［D］.天津:天津大学,2006.

［60］王俊,李键庸,周新春,等.2010 年长江暴雨洪水及三峡水库蓄泄影响分析［J］.人民长江,2011,42(6):1-5.

［61］王殿武,王才.辽河流域防洪调度新方法探析［J］.水利水电快报,2008,29(S1):102-103,109.

［62］徐金龙.武澄锡低片规划中几个问题的认识［J］.江苏水利科技,1994(3):4-7.

［63］张春松,宋玉,陶娜麒,等.江苏省苏南运河沿线地区联合调度实践与思考［J］.中国防汛抗旱,2018,28(3):4-6.

［64］秦文秋.常州市防汛形势及对策建议［J］.中国水利,2017(15):46-48.